夏季大三角與銀河

只要在明朗且空氣清澈的地方，就能欣賞到這樣的星空。

夏季夜空中，在接近天頂處閃耀的一等星組成的三角形。

影像提供／imagemart

英仙座流星雨

英仙座流星雨是夏季勝景之一，8月中旬達到極大期。最多的時候一小時可以看見40顆左右的流星。

影像提供／日本國立天文台

星星的誕生

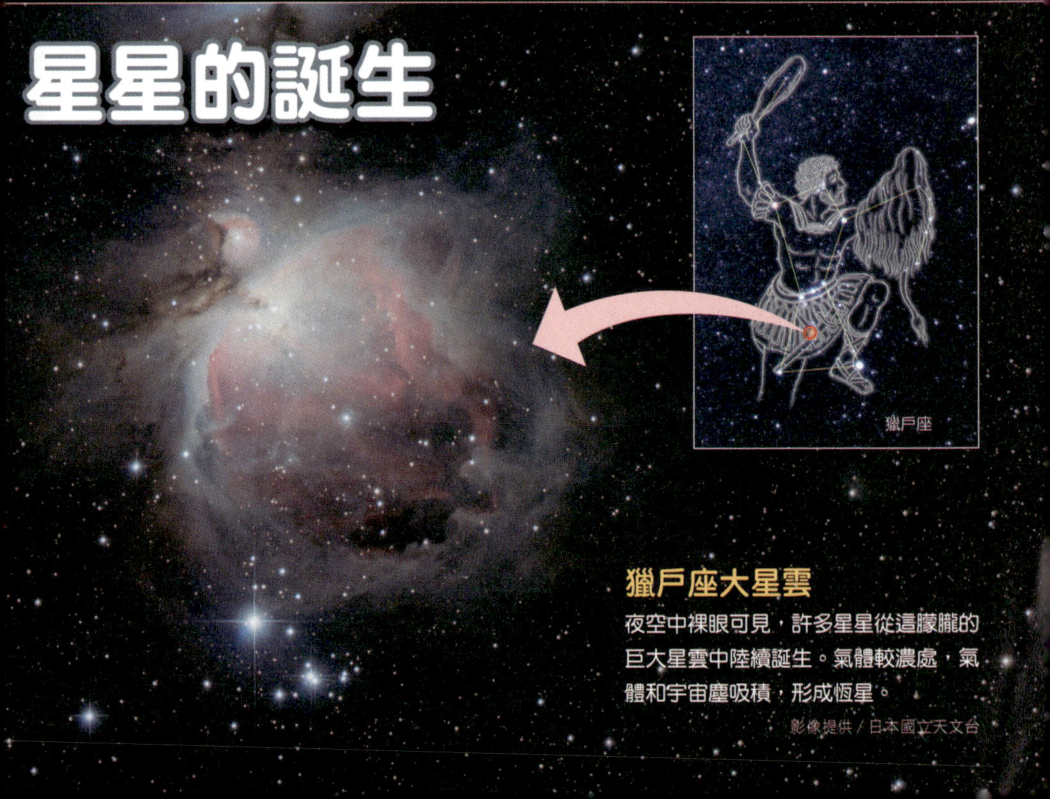

獵戶座大星雲

夜空中裸眼可見，許多星星從這朦朧的巨大星雲中陸續誕生。氣體較濃處，氣體和宇宙塵吸積，形成恆星。

影像提供／日本國立天文台

行星的模樣

本頁介紹太陽系的行星模樣，與地球截然不同的顏色和外觀十分特別。

水星

離太陽最近，繞著太陽轉動的行星，表面都是隕石坑。

影像來源 / NASA/Johns Hopkins University Applied Physics Laboratory

木星

太陽系最大的行星，表面的條紋圖案是最大特徵，由氫和氦等氣體組成。

影像來源 / NASA/JPL/USGS

金星

離太陽第二近的行星。表面覆蓋高溫、高壓的大氣，表面溫度約為460℃。

影像來源 / NASA/JPL-Caltech

火星

表面為含鐵岩石，所以看起來偏紅。每2年2個月接近地球一次。

影像來源 / NASA/JPL/ Malin Space Science System

影像來源 / NASA

土星

太陽系第二大的行星，土星環是由冰形成。

影像來源 / NASA Hubble

天王星

冰的行星。表面由甲烷、氦等氣體組成，躺著自轉。

海王星

在太陽系最外側繞行的冰行星。外表的藍色源自大氣裡的甲烷。

影像來源 / NASA

此頁行星大小比例與實際比例不同。

天文望遠鏡的歷史

天文望遠鏡是我們觀察裸眼不可見的星星時，最重要的工具，功能持續進化中。

以鮮明影像觀察

牛頓望遠鏡

這是1668年牛頓做的望遠鏡，鏡片放在圓筒裡反射光線。又稱反射望遠鏡，可看見鮮明影像。

影像來源 / The Science Museum UK

世界第一座天文望遠鏡

伽利略望遠鏡

影像來源 / Javier Jaime/Shutterstock

伽利略．伽利萊在1609年自行製作天文望遠鏡，觀察木星的衛星、月球表面和金星等各種天體。鏡片組合屬於折射望遠鏡。

無線電天文學的誕生

電波望遠鏡

1930年代後，大家都知道太空發射到地球的不只是光，還有電波。於是誕生出捕捉無形電波，觀測天體的電波望遠鏡。

影像提供 / 日本國立天文台

影像提供 / 日本國立天文台

集結全球智慧進行觀測

昴星團望遠鏡

日本國立天文台營運的大型光學紅外線望遠鏡，設置於美國夏威夷茂拉凱亞山上，是全世界口徑最大的望遠鏡之一，可捕捉微弱光線。

也能從外太空觀測

詹姆斯．韋伯太空望遠鏡

太空望遠鏡的好處是觀測時不會受到地球大氣干擾。

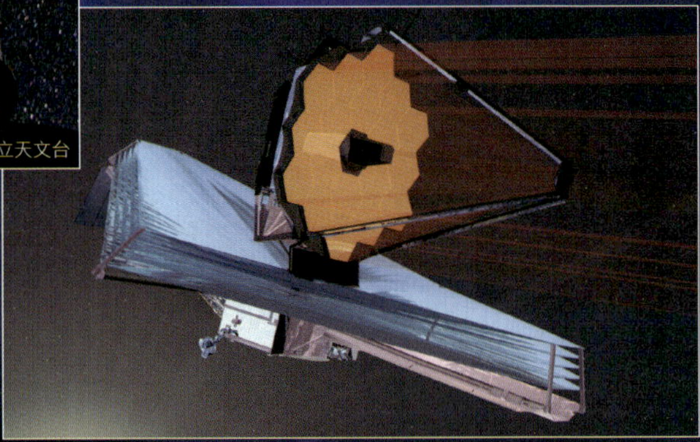

影像提供 / NASA

哆啦A夢
DORAEMON

天才小達人

LEARNING WORLD

天文觀測我最棒

LEARNING WORLD

目錄

哆啦A夢 天才小達人

天文觀測我最棒

DORAEMON LEARNING WORLD

※本書某些章節重複刊載並使用〈哆啦A夢科學任意門〉、〈哆啦A夢知識大探索〉與〈哆啦A夢天才小達人〉（包括特集）的作品。

關於這本書

抬頭眺望夜空時，各位是否曾經讚歎星星好美啊、今天的月亮好大又好圓，並且思考過宇宙是怎麼形成的呢？

很久很久以前，人們仰望星空，將月亮的陰晴圓缺當作日曆使用，規劃稻作和舉辦祭典的時期，並且發揮想像力創作出各種星座，還利用月光指引道路。天文觀測是人們生活中不可或缺的一個部分。

隨著科技進步，現在的人們具備著比以前

更多的知識，但對於這個世界仍然有許多未解之謎，持續進行著各種研究。

本書將為各位介紹如何實際進行天文觀測，包括在家附近觀測的方法，前往各地天文台或天文館欣賞遠方行星的模樣，以及欣賞星空的美麗樣貌等。各位不妨從自己感興趣的章節讀起，一定能讓你迫不及待的想要欣賞廣闊壯麗的宇宙。

現在就跟著哆啦A夢一起進入天文觀測的世界吧！

※未特別載明的數據資料，皆為截至二〇二四年一月的資訊。

太空探險遊戲
到我家玩大富翁吧！
不，我已經玩膩了。
有更好玩的遊戲再說吧！
快回去。

什麼？被嘲笑了！
我拿好玩的大富翁給你。
「太空探險遊戲」。
SPACE ADVENTURE
會真的像是在太空冒險犯難喔！
真的非常好玩喔！
我們去吧。
不要啦，一定很無趣！
走掉了。
沒辦法，我們也去吧！
快點打開。

這不用打開，
而是進去裡面。
這個洞是起點，另一邊的洞是終點。
進得去嗎？
把手伸進去就可以了。
するする
※扭扭
真的進去了！
スポ
※吸入
真的是不同星球的景色耶！
要搭下面的飛船前進。

Q&A…Q 裸眼可見的星星（一等星到六等星）有幾顆？①約六千六百顆 ②約八千六百顆 ③約一萬六百顆

Ⓐ ② 約八千六百顆。這是整片星空可看見的星星數量，我們實際可見的只有地平線上的四千三百顆左右。

在山那邊的星星底下有出口，
不論走什麼路線都可以，最快到達的人就算贏了。
骰子在哪？
骰子飄在空中，要用雷射槍射它。
※轉、轉
射中後會旋轉。
くるくる
※落下
※走、走
只有兩步。
我只有一步。
我有六步！

陷入泥沼，暫停一次。
哇！有六步。
我也是六步。
要往哪邊前進好呢？
※走、走
直直走好像比較近……
但是那森林看來有點可怕！
還是繞路吧！
ピョン
ピョン
太慢了、太慢了！
怎麼可以輸給大雄呢！

Q&A…Q 一等星以上的星星有幾顆？①21顆 ②31顆 ③41顆

Ⓐ ① 21顆。一等星以上的星星總共有21顆，在日本東京可看見17顆。

我也不要！
我們穿過森林吧。
好可怕喔！
嘎——嘎！
遭到怪獸驚嚇，退回起點。

我才不要重玩。
用走的比較快。
到了！
出來了!!
等了這麼久，胖虎和小夫還沒出來。
迷路了，在繞來繞去。

序章

抬頭望向天空

星星出來了！

即使太陽已經落至地平線下，我們還是能看見周遭環境一段時間。這個現象稱為「曙暮光」，出現在大氣中的空氣粒子與塵埃反射光線時。

夕陽西下的天空開始可以看見一等星是「民用曙暮光」，隱約可見海面水平線時是「航海曙暮光」，當天空完全暗下來，可以看見所有星星的時候則是「天文曙暮光」。日出時也會出現曙暮光，出現的時間則會依季節和地方而有所不同。

顯示星星亮度的「星等」

天空中有各種不同亮度的星星，顯示星星亮度的單位稱為「星等」。在久遠的西元前，古希臘天文學家將裸眼（只靠雙眼）可以看到的星星中，最明亮的稱為一等星，最暗的稱為六等星。一等星會比六等星還要亮一百倍。

隨著天文學蓬勃發展，可以測出確實亮度後，天文學家以織女一的亮度為基準將其星等設為零，比它還亮的星星以負數表示。恆星中最亮的是大犬座的天狼星，為負一點五等星。

行星中最亮的金星相當於負四點九等星。

星星因方位呈現不同變動

太陽和月亮的位置會隨著時間變化位置，夜空中的星星位置是否也會變動呢？答案是會的。如果一直看著滿天星斗，很難察覺出任何位置上的變化，不妨從分別由東南西北四個方位拍攝的照片，來觀察星星變動。參照圖片不難發現，不同方位的變動皆不一樣。

▲南方天空

▲北方天空

▲西方天空

▲東方天空

北方的天空以北極星為中心，呈逆時針旋轉。南方天空可以看見星星從東往西移動。東方天空是朝斜右上方移動，西方天空則是朝斜右下方移動。為什麼星星的位置會變呢？

地球自轉讓星星看似會動

貫穿北極與南極所連起的假想軸線稱為「地軸」，地球以地軸為中心，每天旋轉一周，稱為「自轉」。自轉的方向由西朝東，從陸地上看起來，天空是由東往西轉，稱為「周日運動」。但事實上星星完全沒動，是因為地球自轉才會看起來像是在動。

此外，地軸朝北延伸的位置上，有一顆北極星。看在我們眼中，北極星完全不動，其他星星看似以北極星為中心旋轉。

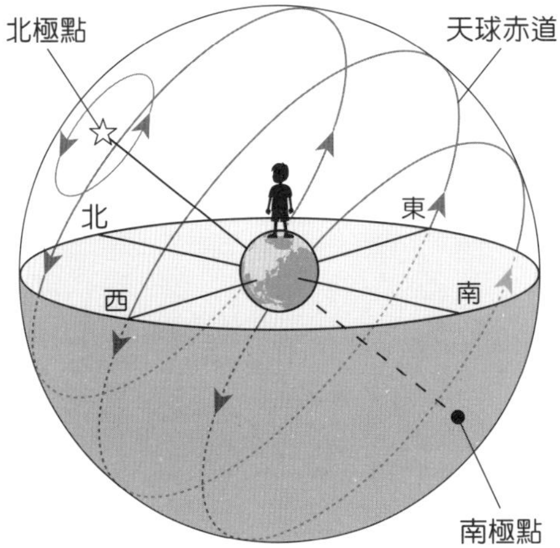

以星星變動取代日曆

另一方面，地球繞著太陽周圍旋轉的行為，稱為「公轉」。約三百六十五點二五天公轉一圈，是為一年。由於這個緣故，在同一個地方同一個時間看星星時，變化十分的緩慢細微，但不同季節看到的星星截然不同，稱為「周年運動」。

在創建曆法之前，人類是利用太陽和月亮的位置，以及夜空的星星變化來判斷季節。舉例來說，在日本，當稱為「麥星」（大角星）的星星高掛天頂，代表收穫麥子的時節到了；當天空出現「昴星團」時，代表可以出海釣烏賊了。星星的「周年運動」是人們勞動的依據。

透過天文觀測了解地球的一切

現代的我們都知道地球是圓的，懸掛在太空中。但是在天文觀測技術發達之前，人類在腦中想像過許多宇宙和地球的形狀。

自古以來，許多人觀測天體，累積無數研究，如今我們已經明白太陽、月亮與星星的變動原理，觀測遠方星星的技術也突飛猛進。不過，宇宙寬廣無邊，還有很多人類不知道的事情。

▲古代中國想出的宇宙範例之一

宇宙的距離單位

m（公尺）與km（公里）是表示距離的單位，但宇宙太廣闊，若以公尺或公里測量星星之間的距離，想必會是天文數字。有鑑於此，一般是使用「光年」來表示宇宙的距離。光的前進速度在外太空中是恆定的，而且目前沒有任何東西的前進速度比光還快。光的速度很快，一秒約三十萬公里，可繞地球七圈半。

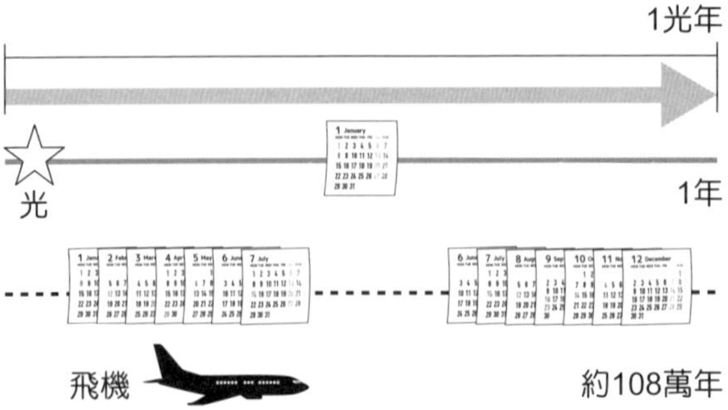

一光年就是代表光前進一年的距離，約為九兆四千六百億公里。以時速一千公里的飛機換算，也要飛一〇八萬年，真的非常遙遠。順帶一提，離太陽系最近的恆星也還有四點二光年那麼遠。

宇宙有多大？

從我們居住的陸地往上看的天空，與布滿星星的「外太空」似乎連在一起，各位是否有想過外太空是從何處開始算起的嗎？一般來說，距離地面一百公里以上的高度，幾乎沒有空氣的高空位置，即稱為外太空（宇宙）。

那麼，各位知道宇宙到底有多大嗎？宇宙的盡頭究竟在哪裡呢？我們目前還無法知道宇宙到底有多大，目前宇宙的年齡約為一百三十八億年，而目前發現的最遠天體，約為一百三十四億光年前的星系。

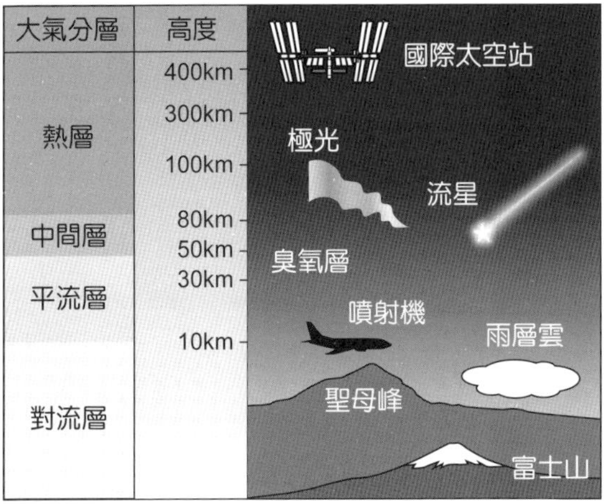

火箭不可能抵達該處，可見宇宙真的是非常廣闊。話說回來，為了解開宇宙之謎，人類持續展開各式各樣的研究，想方設法以期能觀測到遠方天體。

宇宙有一百三十八億歲

專家認為宇宙是在一百三十八億年前誕生的。雖然現在的宇宙大到無邊無際，但最初是從什麼也沒有、如小泡泡般的宇宙開始展開。僅僅一眨眼的工夫就大幅膨脹，形成「宇宙暴脹」狀態，宇宙就這樣誕生了。

隨著「大霹靂」（Big Bang）的發生，緊接著出現的是宇宙暴脹。大霹靂讓宇宙非常熱，因此形成氫和氦，大霹靂到這一刻只花了大約三分鐘的時間，宇宙的誕生就是這一瞬間的極大變化。

專家推測大霹靂發生後的兩到三億年，誕生了第一顆星星。宇宙誕生後大約九十二億年左右（距今四十六億年前），「太陽系」形成，行星等天體繞著太陽公轉。

宇宙持續膨脹

宇宙暴脹瞬間的膨脹速度極快，不到一秒的時間，一顆可樂泡沫就膨脹到銀河那麼大。雖然不如宇宙暴脹時那麼激烈，但宇宙至今依舊在擴張中。

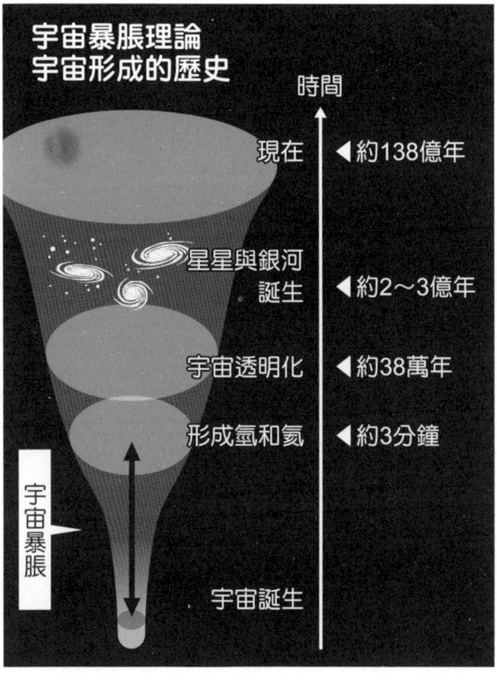

注：本書介紹的宇宙暴脹與大霹靂有時也會將它們合稱為「大霹靂」。

手到擒來望遠鏡

這是帶狗散步！
好厲害喔。
把溜溜球還給我。
暫時由我來保管好了。
什麼？
有什麼關係嘛？反正大雄又不會玩溜溜球。
溜溜球還是被胖虎玩比較幸福啦。
說得好。
等你會玩再還你吧！
又來了。

Q&A…Q 發明望遠鏡的是法國人，這是真的嗎？

真沒用，自己去搶回來。
要是做得到的話，我就不會哭著回來了。
真是的……
「手到擒來望遠鏡」。
這是可以將在遠處的東西拿回來的望遠鏡。
比如說……你看，媽媽買菜回來了。
把鏡頭放大，
然後對著想拿的東西……
放大成手可以搆得到的大小後……

※伸手

伸手去拿。
サッ
咦？
我的購物袋……
不見了!?
在這裡啦。
就是這樣。
？
？
？
先來練習看看。
要拿什麼好呢？
就抓那隻偷魚貓好了。

A 假的。望遠鏡是距今約四百年前一位荷蘭的眼鏡匠人發明的。

※伸手
抓錯了。
真是對不起。
一定要好好瞄準才行。
我知道了。
這次一定要……
※伸手
咦……
不見了？
又錯了，這次抓成樹枝，
所以我才會被拉到這裡來。

Q&A…Q 真的有裸眼可見的星系嗎？

啊，是胖虎。
好！我這次一定要……
好好瞄準。
サッ
成功了。
喂，溜溜球跑哪去了？
我不知道啊。
應該是掉在附近了吧？
快找。
哈哈哈，他們嚇了一跳。
再多玩弄他們一下！

Ⓐ真的。太陽系「銀河」旁的「仙女座星系」十分明亮，裸眼可見。

※伸手
你做什麼啦？
什麼！
喂！
你是說我有做什麼嗎？
沒事，什麼都沒有。
啊哈哈～
再來一次……
※伸手
※拉
你這個傢伙……
？
我不知道啊。
騙人！這裡只有你在。

Q&A…Q 所有星星的亮度都不會變，這是真的嗎？

Ⓐ假的。有些星星的大小會變，或是被其他星星遮掩，亮度也會改變。

真是太好玩了。
把毛衣拿到胖虎家還給他吧。
太好了。
也可以當作普通的望遠鏡來用耶。
星星真美啊……
好像伸手就搆得到。
哪有人把星星抓下來啊？
不知不覺手就伸出去了嘛。

用雙眼觀察

如果你想觀測天體，不妨先不要用工具，以自己的雙眼觀察吧！眼睛所及的範圍很寬廣，可以輕鬆找到星座，在廣闊夜空尋找流星。此外，太陽和月亮受到遮掩形成的日食與月食等現象，只要使用簡單的工具也能輕易觀察。

用望遠鏡觀察

如果想用最簡單的方式觀察天體細節，用雙筒望遠鏡是最好的選擇。雙筒望遠鏡比天文望遠鏡小，方便攜帶。只要放大八到十倍就能觀察星星，還能找到裸眼看不見、亮度較低的星星和星雲，也能觀察月球表面的隕石坑。

▲用雙筒望遠鏡觀察的月亮模樣

影像提供／ Vixen

用天文望遠鏡觀察

如果想更詳細的觀察天體，那就會需要準備天文望遠鏡。天文望遠鏡的性能不是由倍率決定，而是取決於鏡片性質和大小。鏡片直徑稱為口徑。口徑五公分以上就能觀察土星環和金星的圓缺狀態。使用天文望遠鏡，可以清楚看見又亮又大的天體。與陸地用望遠鏡不同，透過天文望遠鏡看見的天體，呈現上下左右皆相反的狀態。

▲口徑 8cm 望遠鏡觀察的月亮模樣

影像提供／ Vixen

天文望遠鏡的選擇方法

手邊如果有相機腳架，最適合搭配組裝式天文望遠鏡。口徑五公分的「日本國立天文台望遠鏡組」，只要五千元日幣就能買到。如果想與架台（支撐望遠鏡的台面）和三腳架一起購買，不妨選擇便宜又好用的經緯台式望遠鏡。

如果要拍攝天文照片，建議購買望遠鏡可配合星星移動的赤道儀式望遠鏡。

雖然能夠透過網路購買，但住家附近要是有望遠鏡專賣店的話，不妨親自去那裡請教店員望遠鏡的使用方法與款式特性再購買。請教專家是買到適合的望遠鏡的祕訣。

●組裝式天文望遠鏡

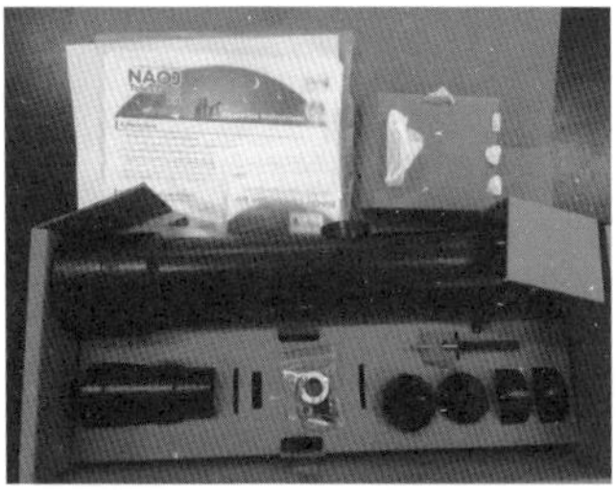

▲日本國立天文台望遠鏡組

影像提供／日本國立天文台

天文觀測的最佳地點

太陽和月亮以外的天體，亮度都十分的微弱。因此，觀察星星時需要注意以下的事項，選擇適合的觀測地點。

●盡可能選擇四周無光害的暗黑場所

燈光會防礙觀測天體，包括室外燈、車燈、來自建築物的燈光、月光等。

●沒有障礙物，視野遼闊的場所

●地面穩固的安全場所

為何燈光會妨礙天文觀測？

城市裡有許多廣告看板的燈光、路燈或來自建築物的燈光等各種光，光線遭到大氣中的塵埃和水滴反射，在地上看星星的人也會看到這些光。由於這個緣故，光線較多的地方，很難看得到天上的星星。

▲街燈反射會使天空變白

準備觀測用的物品

●星座盤

用來確認哪裡會出現哪些星星的星空地圖。只要有星座盤，就能確定大致位置。

●紅色燈

用來確認星座盤，做紀錄。紅色燈不會刺激眼睛，也不會使瞳孔收縮。

影像來源／Multimotyl (Jiří Dobrý) via Wikimedia Commons

●天文望遠鏡、雙筒望遠鏡

適用於觀察月亮、行星、明亮的聯星、星團、星雲、銀河等天體表面和形狀。

影像提供／Vixen

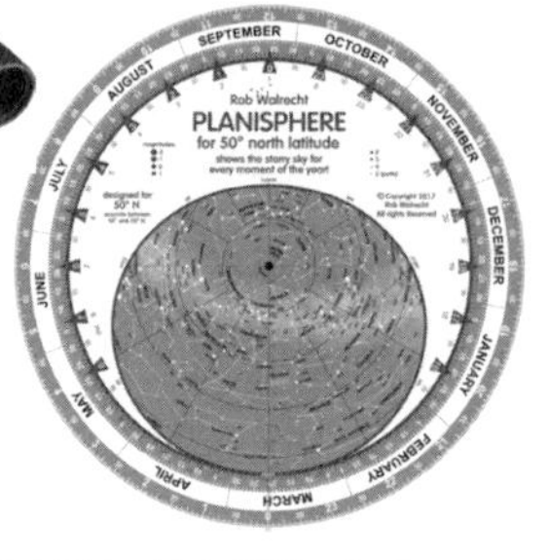

影像來源／Rob Walrecht via Wikimedia Commons

●指南針（羅盤）

在觀測地點一定要知道東南西北的方位。

●手錶

確認現在的時間，記錄觀察時間時使用。

●筆記用具

製作觀察記錄的必要物品。

●智慧型手機（如果有的話）

智慧型手機大都內建有指南針、時鐘、筆記本等功能，如果有智慧型手機就能取代上述的三項工具。此外，還能夠利用應用程式確認星座位置。不過，手機的螢幕亮度會阻礙觀測，讓人看不清星空，使用時可能要稍微注意一下。

影像來源／Triskal via Wikimedia Commons

適合的服裝（春、夏、秋）

●夏季也要穿長袖、長褲

為了預防被蚊蟲咬傷、被草木割傷手腳，應盡可能遮住肌膚。春秋兩季在太陽下山後，氣溫下降，容易感到冷。即使是夏天，在海邊或山上的氣溫也會比城市裡低。不妨穿著薄的長袖襯衫或外套，可以依氣候穿脫。

●防蚊蟲噴霧等

在蚊蟲孳生的季節，待在戶外觀測天體時，一定要準備防蚊蟲噴霧。

適合的服裝（冬）

●準備好防寒物品

即使白天活動時感到溫暖，晚上長時間安靜的盯著星空，一定會從腳部開始感覺冷。請務必準備具有禦寒功能的內衣、保暖的衣服，多穿幾層厚衣服，避免寒冷。腳部很容易感到冷，別忘了穿厚襪子、保暖貼身褲、靴子等，確實禦寒。脖子也要圍上圍巾，避免寒氣從縫隙入侵，再戴上帽子保暖。

●手套

使用望遠鏡觀測時，請選擇容易操作的款式。

注意！危險事項 ～時間與場所～

一般都是在天色昏暗時觀測天體，請務必遵守以下規則，避免遇到危險。

●一定要有大人陪伴

未成年孩童待在陰暗處十分危險！請務必和大人一起觀測，避免走失。

●在安全的地方觀測

天色昏暗的池邊、河邊與山中十分危險，請事前先找好戶外燈較少，又很安全的地方進行觀測。

●趁著天色明亮時確保腳邊安全

觀察星星時需要抬頭仰望天空，若地面凹凸不平、山崖附近等腳邊不是很安全的地方，很容易造成危險，請務必事先確保安全。

●觀察時要遵守規則

絕對不能在車輛往來的地方觀察星星！觀測天體時要避免造成周遭困擾。

觀察太陽時一定要小心！

觀察太陽時請務必特別注意以下事項：

●絕對不能眼睛直視太陽

——陽光很強，容易傷害眼睛，請勿直視太陽。

●絕對不能用望遠鏡或天文望遠鏡對著太陽

——透過鏡片觀察太陽會使眼睛失明，觀察太陽要用特殊工具。除了天文台提供的觀測太陽用望遠鏡之外，絕對不能使用其他望遠鏡觀測太陽。

●不可戴上太陽眼鏡或護目鏡直視太陽

——太陽會發出眼睛看不見的「紫外線」與「紅外線」，即使不刺眼也會傷害眼睛，一定要小心。

適合的觀測活動

為各位介紹適合入門者做的天文觀測，每年適合的觀測時間不同，請務必事先確認。

●先從了解各季節星座與容易尋找的星座開始

對天文觀測感興趣的話，不妨抬頭望向星空！建議先找容易定位的星座，包括形狀簡單且位於北極星附近的「北斗七星」與「仙后座」、自己生日的星座，以及包含各季節可見明亮星星的星座。

●月亮與行星

用雙眼觀察月亮陰晴圓缺和行星的變動後，可以用筆記錄下來。看完星座之後，接下來找行星。請事先確認行星的位置，幾乎所有行星都是裸眼可見，用天文望遠鏡更能輕鬆觀測。

▲接近的木星和土星

影像來源／ David Prasad from Fresno, CA., United States, via Wikimedia Commons

●流星、流星雨

飄浮在外太空、直徑只有數毫米的宇宙塵，與地球大氣碰撞就會發生「流星」，而且每天晚上都看得見。一次可以看見很多流星的天文現象稱為「流星雨」。只要抓準時機，一個小時可以看上一百顆流星。

●人工衛星和國際太空站（ISS）

雖然不是星星，但我們也能看見飄浮在外太空的人造衛星，最容易看見的是國際太空站。只要算對時間，就可以看到國際太空站從台灣上空飛過的情景，前後長達數分鐘。各位可以上台北市立天文台的官網，或是Heavens-above.com查詢可以觀察的時間。

▲國際太空站

影像提供／ NASA/Roscosmos

▲英仙座流星雨的盛況

影像來源／mLu.fotos from Germany via Wikimedia Commons

地球製造法

我是假面怪獸！
ガー
※嘎
眼睛會發光，可以揮拳也會走路。
我的是宇宙戰車。
會前進、後退、發射飛彈。
※咻咻
都已經是小學生了，至少要會做這種程度的模型玩具。
沒錯。
大雄呢？
你做了什麼？
我……我的沒什麼……
給我們看吧！
什麼嘛！這種東西只要把翅膀和機體黏起來就好了吧！
好遜喲！

實、實際上，我正在做非常特別的東西。
我做的是世界上第一個也是最稀有、最有趣的東西喔！
真的嗎？
所、所以，我一定要做出了不起的東西才行。
哆啦A夢快幫我想想辦法！
你又亂跟別人做這種約定。
未來世界又沒有模型玩具。
那要怎麼辦？
要是沒做出東西來，我不就是個騙子了嗎？
明明就有！
這不是模型玩具……
這是「地球製造組合」。

Q&A…Q 地球何時誕生？①約四億年前 ②約四十六億年前 ③約八十六億年前

做地球儀多沒趣啊！
不是喔！它是真正的地球，有海洋、陸地也有生物棲息。
是真正的!?
雖然很小，但可以做出一模一樣的地球喔。
瓦斯
微塵A
微塵B
從地球的形成到進化都可以看到。
太陽燈
宇宙台紙
電子望遠鏡
宇宙時鐘
一起來做吧！
首先把宇宙台紙鋪在地上，
撒下微塵A、微塵B，
加進瓦斯……
噗咻～
把太陽燈架好。
撥好宇宙時鐘的時針。
轉轉

Ⓐ②約四十六億年前。專家認為地球誕生的時間和太陽差不多。

地球的元素是飄浮在宇宙中的微塵和瓦斯。
這時太陽才剛形成不久。
來吧！看看接下來會發生什麼事。
你看，微塵和瓦斯開始形成漩渦。
並結集成形……
變成地球。
好厲害。
不要碰，會燙傷喔！那還只是個火球!!
還沒有生物誕生嗎？
要等它再冷卻一點。

我在做地球喔！是地球喔！
你們快過來看吧！
他說在做地球！
什麼跟什麼啊！
把時間加快一點！
轉
轉
差不多冷卻了，來看看吧！
這就是電子望遠鏡。
啊！已經開始有火山活動了。
也下起大雨。
接著就形成海洋，裡面有……

A ①溫度差異。星星表面的顏色，依溫度順序，由低至高為紅色↓橙色↓黃色↓白色↓藍白色。

你看，生命誕生了！
漸漸增加，
外形也變得複雜。
馬上就會有植物出現。
真是太有趣了！
地球形成後，過了四十分鐘。
宇宙時鐘一分鐘是一億年，也就是說已經過了四十億年，所以……
現在看到的是五億年前被稱做古生代的時候。
再把宇宙時鐘調到三十分以後。

Q&A…Q 太陽是氣體聚合而成的，這是真的嗎？

A 真的。太陽是大約四十六億年前，由大量氫氣聚合而成。

三億年前，在飛的那個是蜻蜓的祖先。
會增加許多動物，變得更熱鬧。
小夫他們在幹嘛？
還不快點來看？
是真的地球喔！
你睡昏頭了嗎？
真的啦！要是騙你的話，頭就給你。
反正來看就是了。
等一下吧！
古生代差不多結束，進入中生代了！

馬上要進入恐龍時代了。
希望能夠親眼見識一下這個世界。
那就去看看吧！
把螢幕拿下來……
進去就好了。
哇～

Q&A…Q 哪一個是恐龍滅絕的原因之一？①小行星撞擊 ②大海消失 ③地球暖化

這裡就是你製造的地球喔！
這……這些全部是我做出來的嗎？
這棵樹、這顆石頭都是我做的嗎？
沒錯，都是你做的。

Ⓐ ①小行星撞擊。大約六千六百萬年前，直徑約十公里的小行星掉落地表，完全改變氣候，這是恐龍滅絕的原因之一。

那些看起來像烏鴉又像蝙蝠的東西，也是我做的囉？
沒錯！
這麼說……
我就是這個世界的神了！
※冒出頭
噓！
ヌウ
※呼、呼
差一點就被發現了。
能夠看到這種景象太棒了！胖虎他們看到的話一定會嚇到跳起來吧！

Q&A…Q 地球與太陽的距離一直相同，這是真的嗎？

A 假的。一年中，地球與太陽的距離最遠與最近時，相差達到五百萬公里左右。

真是的！
到底要我說幾次才會懂啊！
不要在家裡做黏土！
把它扔了。
哇啊!?
※猛晃
※咚
※滾滾
哇！好大的地震！
啊！
恐龍們開始慌忙逃跑了。
怎麼回事？
※咕咿
※嘎
※吱呀
※嘎

※轟隆
※轟轟轟
地球要崩毀了！
是因為剛才地震的關係嗎？我們馬上回去吧！
※搖搖搖搖
快點！
出口在這邊。
咦？
咦？
咦？
電子望遠鏡的出口不見了。
不、不會吧？出口不見那我們不就……
就是回不去了！

Q&A…Q 太陽自轉的祕密是什麼？①不同緯度的自轉速度不同 ②一年自轉一次

開什麼玩笑啊！
把人家帶到這裡來，這下又回不去，太不負責任了！
是你自己說想來看看的！
！
※噗噗噗
ブブウ
※碰

Ⓐ ① 不同緯度的自轉速度不同。由於太陽是氣體聚合而成，因此不同緯度的自轉速度有快有慢。

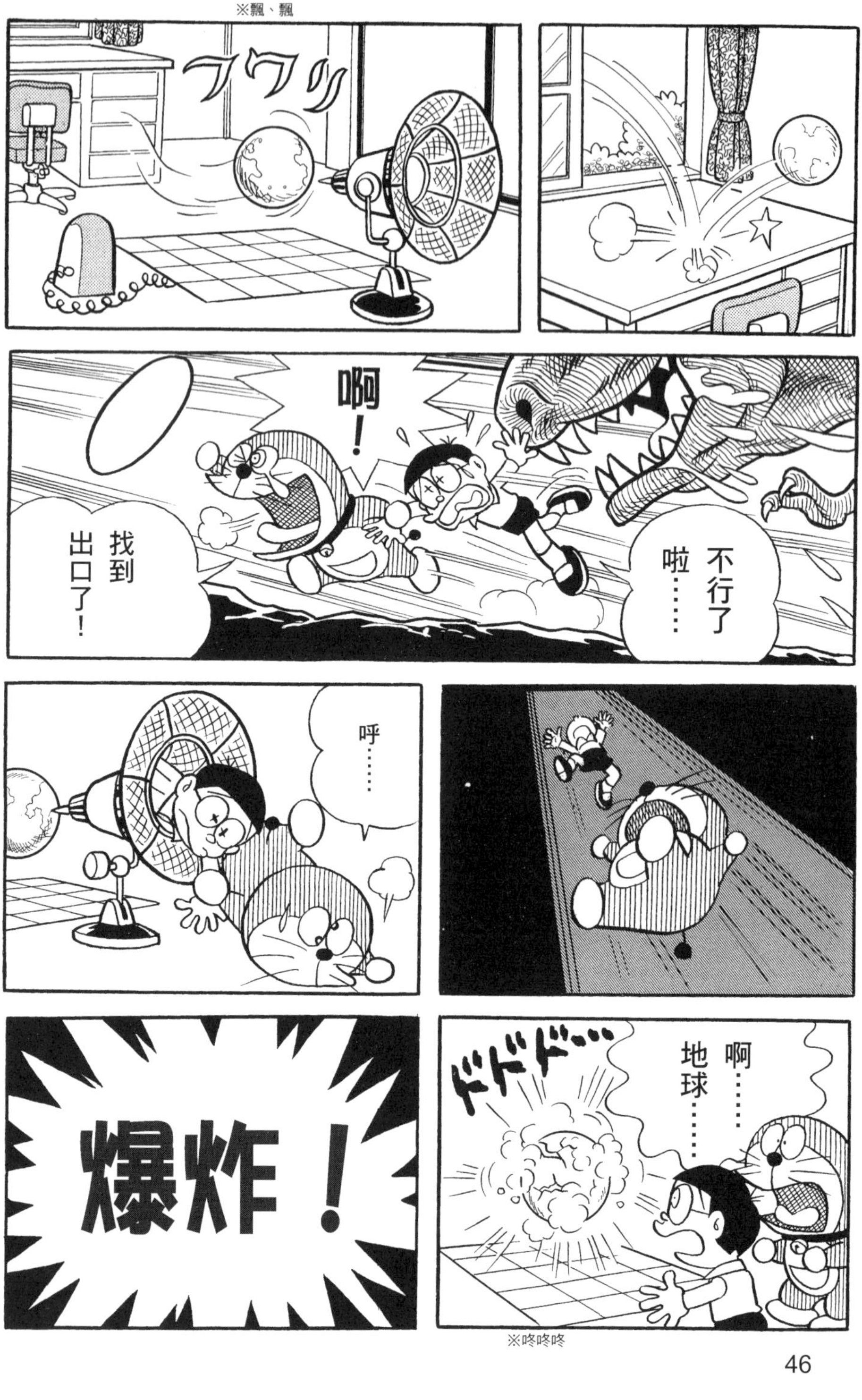
※飄、飄
フワリ
啊！
找到出口了！
不行了啦……
呼……
爆炸！
ドドド…
啊……
地球……
※咚咚咚

Q&A…Q 一年中夏至是最熱的一天，這是真的嗎？

變成泥巴球了。
如果他沒有做出地球，
我就要他好看。
小夫他們……
真是的，怎麼不早點來。
這塊黏土就是你做的地球？
真不愧是大雄！啊哈哈！
隨便你們說吧！我不想辯解了。

Ⓐ假的。地面在陽光照射下變暖，空氣也會變暖，因此八月比夏至（六月底）更熱。

太陽是什麼星？

各位是否曾想過太陽到底有多大呢？太陽的直徑約為一百三十九萬兩千公里，有地球的一〇九倍大！重量約為地球的三十三萬倍，是比地球大上非常多的星球。

話說回來，你認為太陽是由什麼構成的呢？

太陽與地球不同，是「氣體」聚合而成的。其中最多的氣體是「氫氣」，太陽的組成分子超過七成是氫氣。

第二多的物質是「氦氣」。

太陽的中心非常熱，溫度高達攝氏一千五百萬度！所有物質緊密的擠在一起。由於受到高溫強烈擠壓，氫原子融合形成氦氣，「融合時」產生極大能量。這個能量會從核心開始，前後耗時大約十七萬年的時間，往表面傳遞，這也就是我們看到的炙熱太陽。

我們看見的太陽表面溫度高達攝氏六千度。

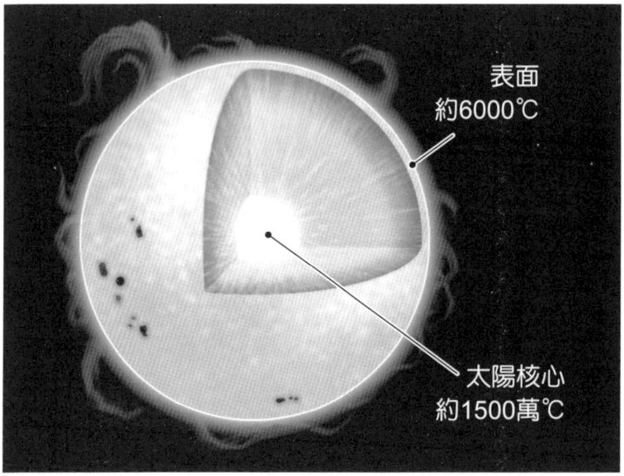

太陽在哪裡？

地球距離太陽有多遠呢？大約有一億五千萬公里那麼遠。如果以光速前進，要移動到這個距離，大約需要八分鐘。也就是說，我們現在看到的太陽，其實是八分鐘前的模樣。

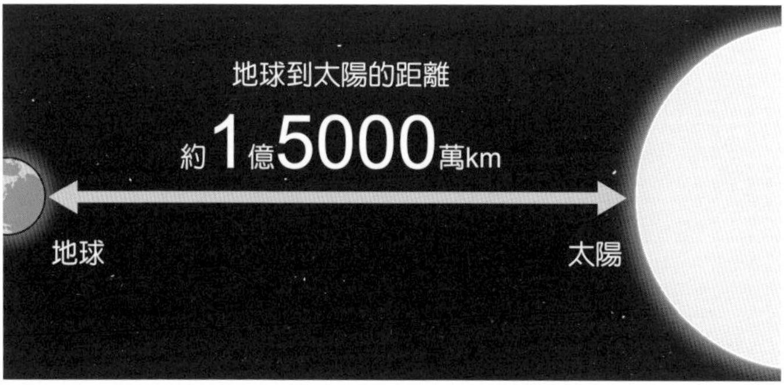

雖然距離太陽這麼的遠，我們仍能感受到春天溫暖、夏天炎熱的季節變化。太陽的熱能就是如此巨大。

如果地球比現在更接近太陽，氣溫會比現在更高；相反的，如果距離比現在遠，溫度會比現在低。地球與太陽現在的距離，剛好適合生物生存。

觀察太陽動向

一起來觀察太陽一整天的動向。首先是早上，太陽從東方的地平線或水平線升起。地平線指的是在完全沒有山脈和建築物的平原，地面與天空的分隔線；水平線則是海洋與天空的分隔線。當我們能從地平線與水平線看見太陽的上半部，此時稱為「日出」。

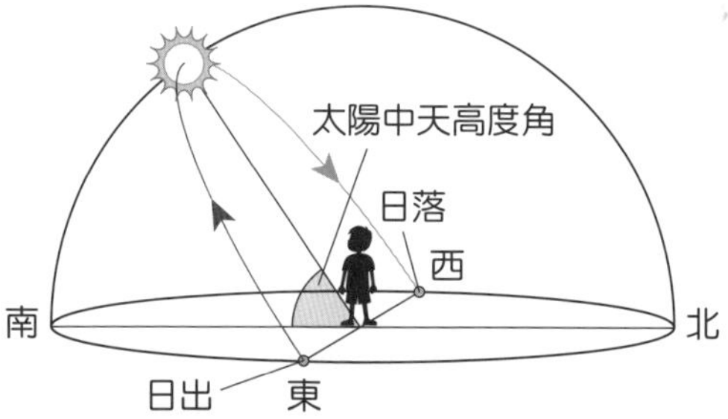

早上從東邊升起的太陽，到了傍晚就會從西方落下。太陽下沉直到我們完全看不見的時候，就稱為「日落」。

在地球北半部的北半球，位於日出與日落這條線正中間的中午，太陽剛好會在南方天空最高的位置。太陽升至最高點（與地面的角度）稱為「太陽中天高度角」。

記錄太陽動向

●研究太陽一整天的動向

記錄太陽影子的變化，是了解太陽一整天如何變動最好的方法。

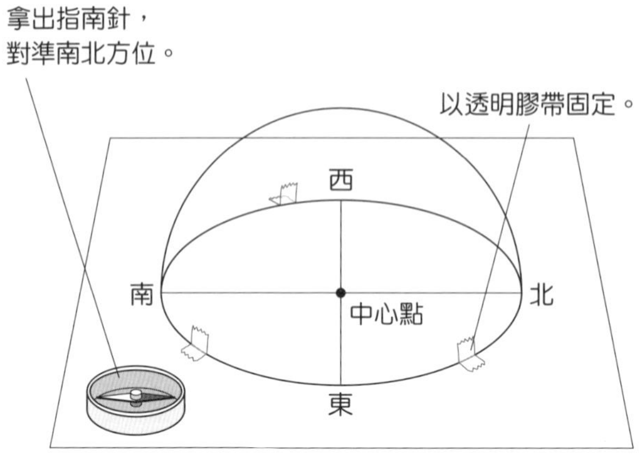

準備物品

- 標註好東西南北方位的記錄用紙
- 透明的半球（廚房使用的調理碗或較大的扭蛋玩具等圓形容器）
- 指南針
- 記錄用的筆
- 透明膠帶

記錄方式

①在方位十字線交界的中心點做一個標記，蓋上透明半球，用透明膠帶固定。

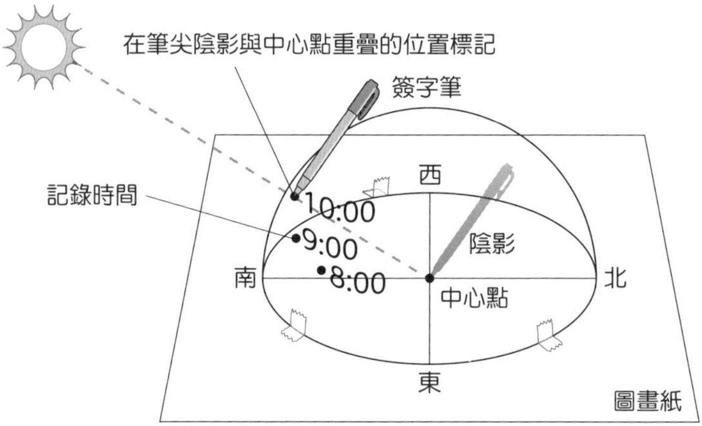

②將做好的①放在太陽照射的地面，對準指南針的方位和紙上標註的方位。

③找出筆尖的陰影與中心點重疊的位置，做一個標記。

④每一個小時回來記錄一次。

⑤用筆將半球上的印記畫線連起來，一直畫到與記錄用紙的交界處。

●研究記錄結果

連接印記的線與記錄用紙的交界處，就是日出和日落的方位。透過這個記錄可以看出，太陽從東方升起，從西方落下。

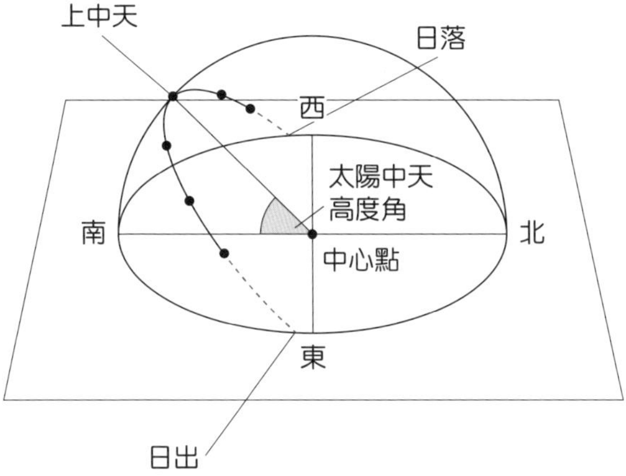

接下來，可以比較看看每個小時之間印記的長度，你會發現相隔的長度都一樣。簡單來說，太陽是以同樣的速度移動。

此外，一天中太陽在空中的最高點稱為「上中天」，時間約為中午，方位偏南，只要確認記錄的印記就能發現這一點。

太陽真的在動嗎？

太陽每天從東方升起，以相同的速度移動，從台灣來看，太陽會通過南方天空，往西方下沉。

話說回來，太陽真的在動嗎？

那麼大的太陽每天繞著一顆小小地球轉動，各位不覺得很神奇嗎？

其實太陽不會動，是因為地球在動，才會看起來像是太陽在動。

地球以穿透北極和南極連結的虛擬的直線為軸心（地軸），一天轉一圈，稱為「自轉」。

地球自轉

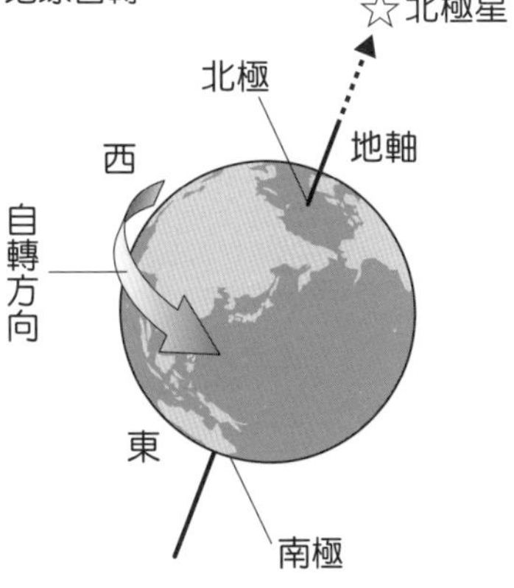

調查太陽一年間的動向

以第五十頁的太陽一天動向為基礎，春夏秋冬每季各找一天做觀察，記錄下一年間太陽的變化。

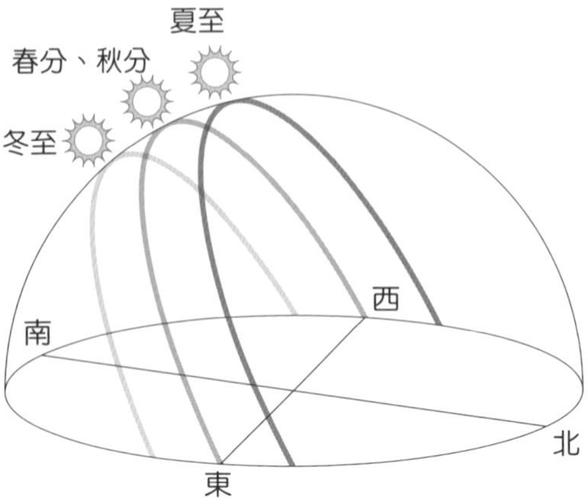

觀察重點

・太陽上升的方位如何變化？
・同一時刻太陽高度的差異
・太陽西下的方位如何變化？
・日出和日落的時刻差異

注意觀察重點，比較天與天之間的差異，將調查的結果記錄下來。

太陽一年的變動

太陽的上中天高度與東升西降的方位，會依照季節而有不同的變化。

夏季時，太陽上中天的高度較高，太陽出來的時間也比較長。相反的，冬天太陽出來的時間較短。

太陽出來時間最長的一天，稱為「夏至」（六月二十一日左右）。東京夏至時，太陽出來的時間約為十四小時三十分鐘。太陽出來時間最短的一天稱為「冬至」（十二月二十一日左右）。東京冬至時，太陽出來的時間約為九小時四十五分鐘。太陽從正東方出來，從正西方下沉的那一天，夜晚和白天的時間幾乎一樣，這一天稱為「春分」（三月二十日左右）和「秋分」（九月二十二日左右）。

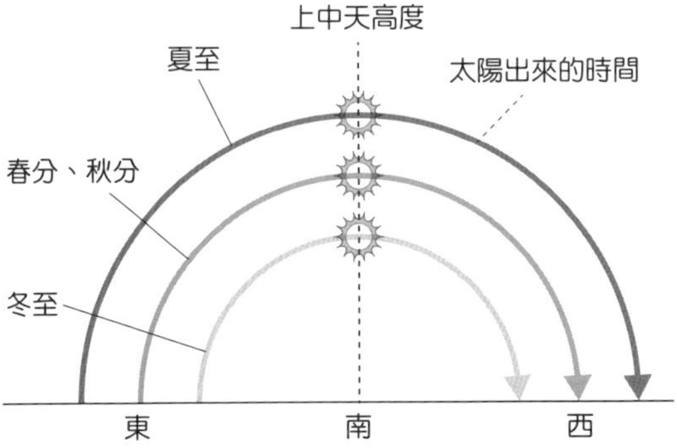

專欄

有些地方的太陽永遠不西沉！

對住在台灣的人來說，太陽每天東升西降、每天都有白天晚上是很正常的現象。

不過，地球上有些地方，一整天都是白天，或者一整天都是晚上。

從上圖可以看出，當台灣正值夏天時，北極周邊一整天都受到陽光照射，相反的，南極周邊則看不見任何的陽光。

一整天太陽都不西沉的現象稱為「永晝」，一整天太陽不東升的現象則稱為「永夜」。

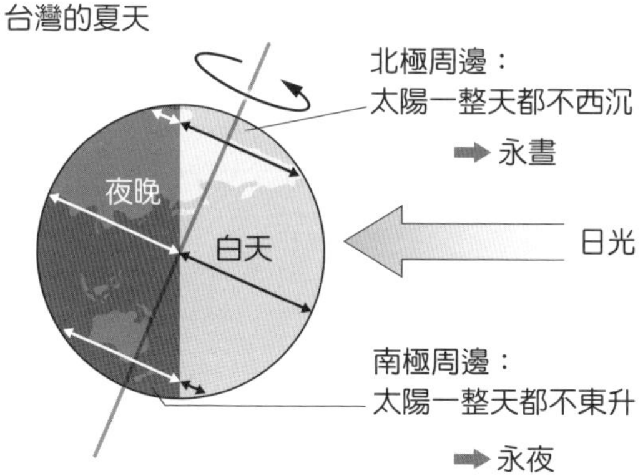

以前的人認為宇宙是如此運行的

現在大家都知道地球是一邊自轉，一邊繞著太陽公轉，地球繞著太陽公轉的理論稱為「日心說」。

然而，過去的人們認為地球是宇宙中心，太陽等天體繞著地球轉動。以當時的人們研究出的天體運轉推論，這個說法並沒有錯。

這個理論稱為「地心說」。

直到大約四百年前，人們才透過望遠鏡等觀測技術，確定日心說的正確性。

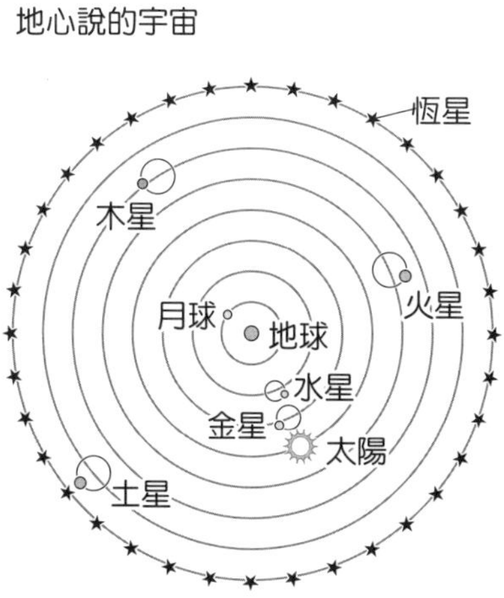

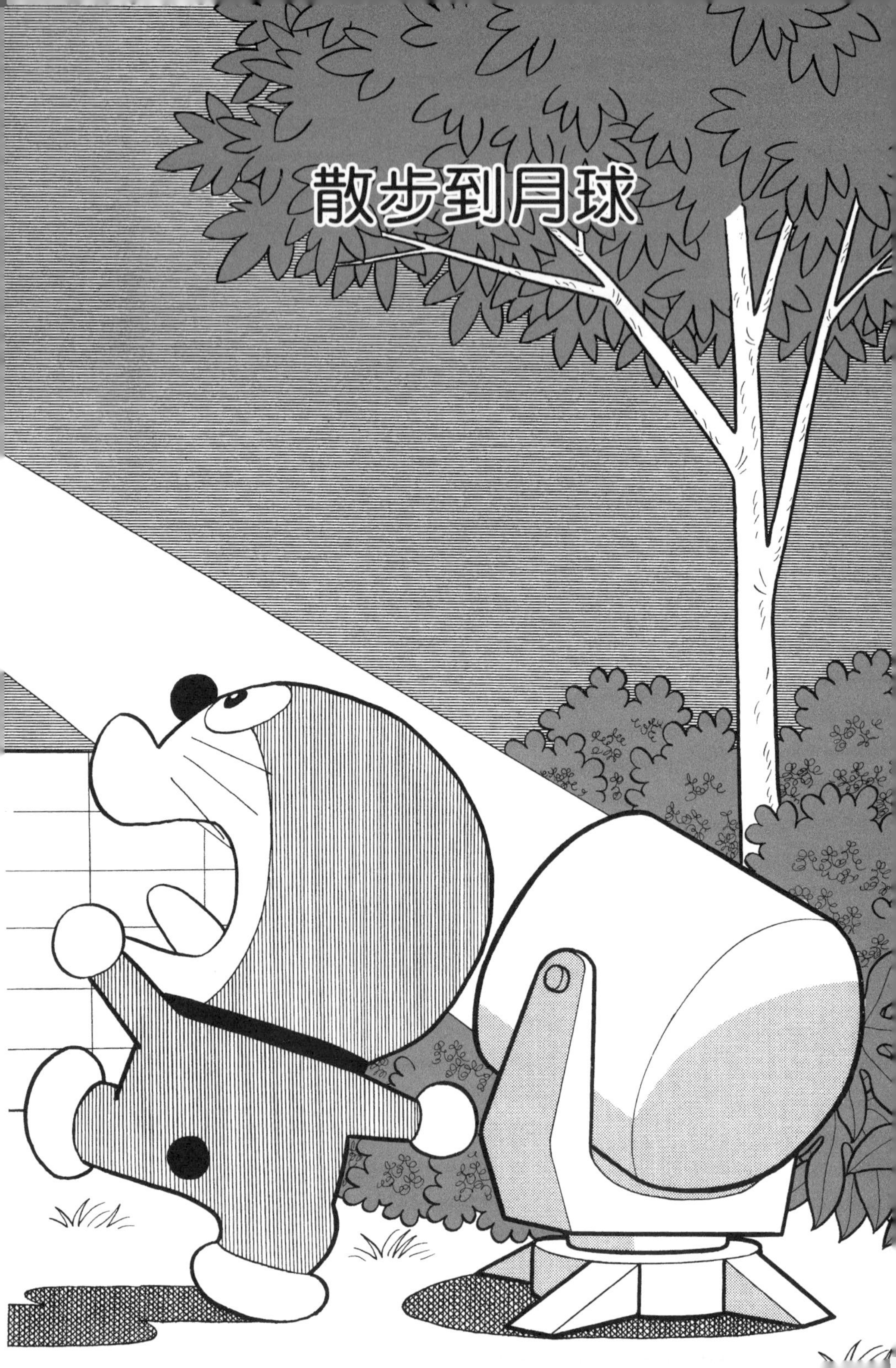
散步到月球

咦？怎麼了!?
三更半夜不睡覺。
我睡不著……
我在想很多關於人生的事情……
人生？
既然出生在這世上，我想在歷史留名。
完成沒人做過的創舉……

嗯，譬如什麼事？
像是倒立環遊世界一周，或是用大佛的手做出世界第一的翻花繩之類的。
我想東想西所以睡不著覺。
哇！睡過頭了！
上學遲到了。
誰叫你為了那種無聊事晚上不睡。
我幫你一次吧。
「道路光線機」。
用光做出一條道路。
因為是一直線，所以是捷徑。
而且這條道路在四次元空間，
能穿過任何東西。

Q&A…Q 關於月球與地球的距離，以下哪種說法是對的？①逐漸縮小中 ②完全沒變 ③逐漸擴大中

謝謝，這樣應該來得及。
我去上學囉。
抱歉。
啊，下雨了。
但是我在道路光線中，所以完全沒事。

A ③逐漸擴大中。研究顯示月球每年遠離地球四公分左右，一億年後拉大的距離約為四千公里。

根本同學。
有。
野口同學。
有。
野比同學。
大雄！
有！
有！有！
有！
滑壘成功。
太好了。
不只如此，
我想到一個能在歷史留名的大計畫。
我要用「道路光線機」，
走到月球去。
什麼!?
每次都這樣，馬上就想亂來……
不做看看怎麼知道。
到月球的距離……
有三十八萬公里。
天文の図鑑

Q&A……Q 搭乘時速二百五十公里新幹線前往月球約需多久？①約三十三天 ②約六十三天 ③約九十三天

不必刻意勉強，每晚只走三小時就好。
假設一小時走五公里，一天就能走十五公里。
走完之後，再用任意門回來睡覺。
隔天再繼續走。
總有一天會走到月球。
三十八萬公里除以十五，
嗯……嗯……
兩萬五千三百二十三天。
大概要花七十年。
對吧！
只要我活得夠久，說不定辦得到。
我要走！我要成為世界第一個徒步旅行月球的人!!
你會長命百歲的。
能聽你這麼說真是欣慰。
月亮出來了，出發！
把「任意門」放在「四次元口袋」裡借我。

Ⓐ②約六十三天。地球到月球的平均距離約為三十八萬公里，以時速二百五十公里換算，為一千五百二十小時，約六十三天。

幫我拍下歷史的第一步。
好啊。
靜香，我出發了。
我想一天走二十公里。
快快快！
城鎮變得好小喔。
大家都悠哉的在睡覺。
……？
越來越難走了。

Q&A…Q 月球是地球與其他星球碰撞後誕生的（大碰撞說），這是真的嗎？

※滑落
休息一下。
哇！哇！
對了!!
隨著月亮升起，
這條道路就會變成垂直的了!!
你回來啦，真快。
※咚咚

Ⓐ真的。月球是地球形成不久後，與其他星球碰撞造成的噴出物再次凝聚形成的。這是目前深受學界支持的學說。

每晚「月亮」的形狀和看得見的時段都不一樣

月亮的形狀有很多，包括滿月、弦月、眉月等。月光來自於太陽光的反射。

月亮並不是在相同時間看到的形狀都一樣，天色昏暗的晚上六點看見的月亮，大概像下圖記錄的那樣。

只要善用交通部中央氣象署的網站（請掃左邊的 QR Code），查詢「每月星象」或是「每日天文」就能查詢月相，掌握哪幾天看不見月亮。

月相觀察紀錄

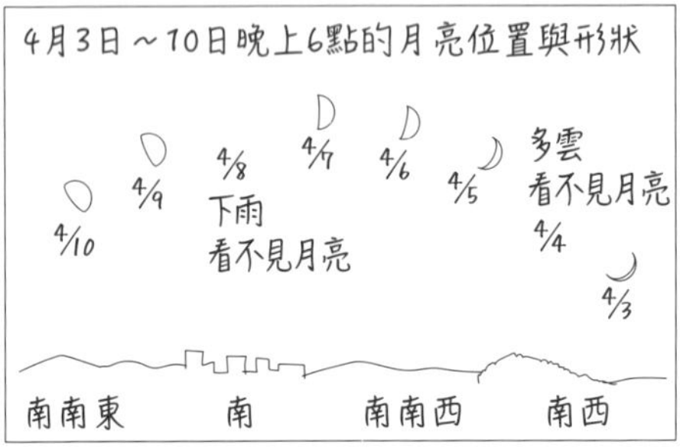

▲晚上 6 點觀察的月亮形狀與位置

●觀察月球樣貌

事先知道哪一天是滿月，就能夠好好的觀察月球樣貌。

在昏暗的天色下，世界各地的人們對於自己所看到的月球樣貌，有許多不一樣的解讀。有些地方覺得看起來像是螃蟹，有些說是閱讀的老奶奶喔。你也發揮想像力，畫下你看到的圖案吧。

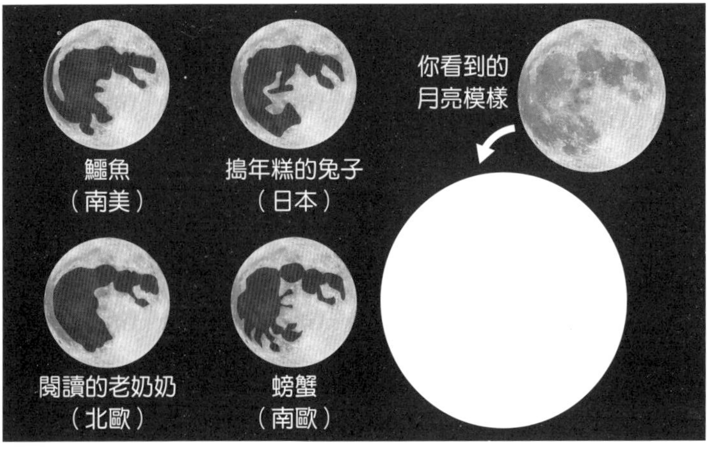

觀察月亮的形狀

在傍晚可以看得見的月亮是從眉月開始，漸進到滿月，各位不妨觀察這段期間的月相。不過觀察時要和家人一起，注意不要熬夜喔。

▶月相的變化

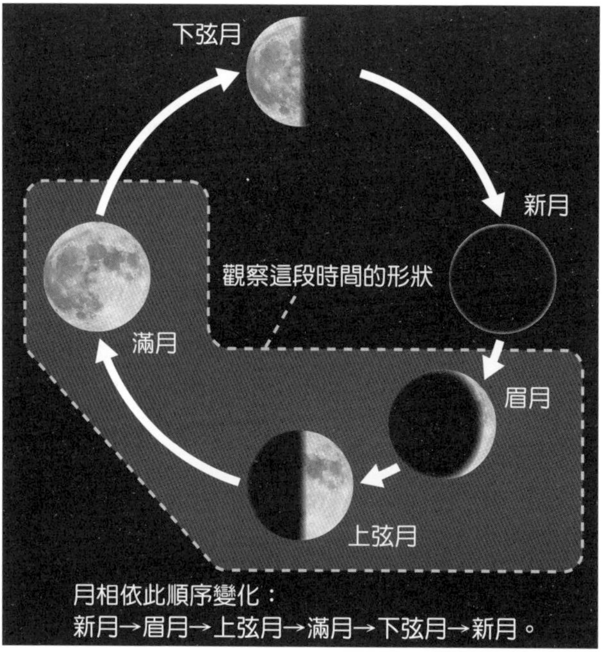

〈月亮形狀和觀察方法〉

●新月

從地球上看不見任何發光部位的月亮。此時的月亮和太陽位於同一邊，朝向地球的那一面照射不到陽光，因此看不見月亮。

●眉月

右（西）側有一道細光的月亮。若將新月定為第一天，眉月是在第三天看見的月亮。日落後可在西方天空看見，不久後便沉入地平線下。

●上弦月

右（西）半側發光的月亮。日落後可在南方天空看見，半夜時沉入地平線下。

●滿月

整顆發光，看起來是圓形的月亮。日落後從東方天空升起，半夜時高掛南方天空，日出時沉入西方的地平線下。一整晚都能看見。

●下弦月

左（東）半側發光的月亮。半夜從東方天空升起，日出時可在南方天空看見。

觀察月亮的動向

試試看從自家附近，實際觀察月亮在一個晚上的移動過程吧！

●準備物品

指南針、用來記錄月亮位置的紙、筆記用品

●做法

①找到月亮，拿出指南針確認方位。

②對著可以看見月亮的方位，決定觀察場所。

※在該地點待一段時間，不要移動。

③在紙張畫出看得見月亮的景物，當成相對位置的標記。

④每隔一小時畫上月亮位置。觀察月亮的移動過程。

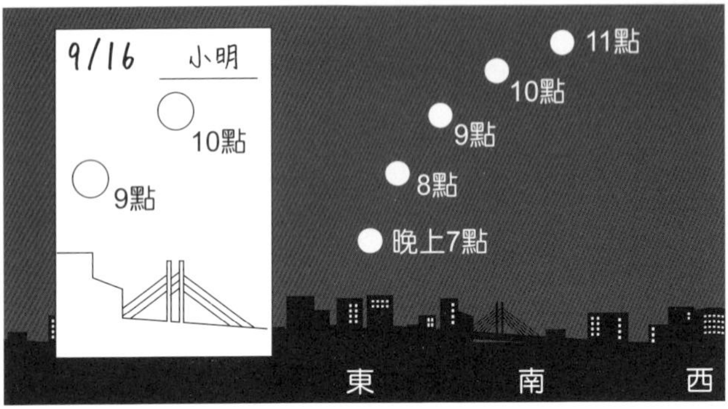

▲先畫樹木和建築物當成標記，再畫上月亮的位置。

●月亮是慢慢移動的

月亮從東邊升起，在南方天空移動，往西方下沉。移動過程和太陽一樣。

每天持續觀察月亮，就會發現即使是相同時間，月亮的位置也都不同。

不同月相的出沒時刻也不一樣，不只是出現在夜空中，有時月亮也會在白天升起。你是否在白天看過月亮呢？月亮比其他星球離地球還近，因此即使是明亮的白天也能清楚看見。不過，白天看得見的月亮不是滿月，而是有虧缺的月相。

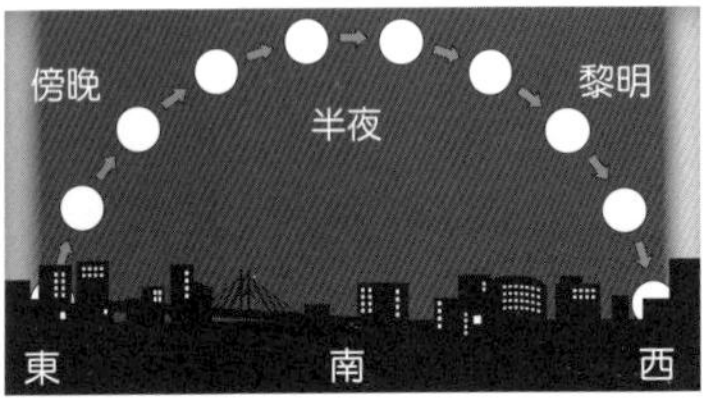

▲滿月的移動過程

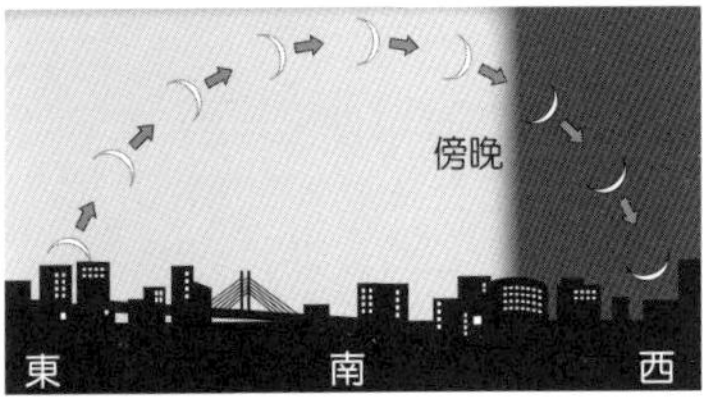

▲眉月的移動過程

▲下弦月的移動過程

「行星」是什麼樣的天體？

在恆星（自己發光的星球）四周圍繞的大型天體稱為行星。由於從地球上看，行星的行進方式就像是迷路（惑う）了一樣，因此日本人稱之為「惑星」。地球與其他行星繞著太陽公轉的速度不同，因此行星的移動方式相當複雜。

行星不像恆星那樣會自己發光，而是反射從恆星發出來的光，才會看起來亮亮的。

太陽系的行星有八顆，包括水星、金星、地球、火星、木星、天王星、海王星。以前冥王星也是行星之一，但自從發現其他同樣大小的天體，加上二〇〇六年確定了行星的定義，便將冥王星改列為「矮行星」。

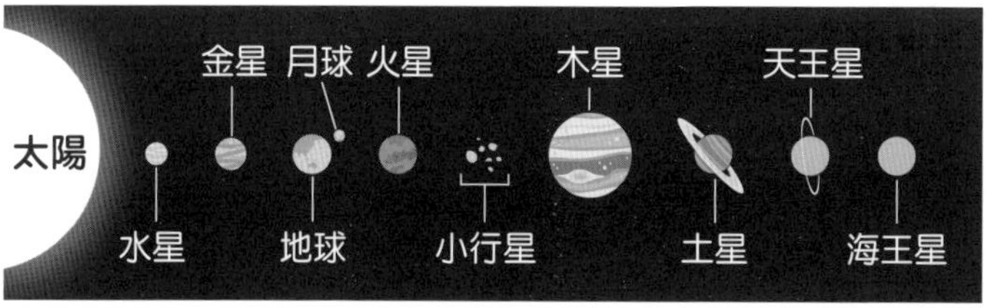

▲太陽系的行星

內行星與外行星

太陽系的行星中，在地球內側繞行的水星和金星，稱為「內行星」。

相對之下，在地球外側繞行的火星、木星、土星、天王星和海王星，則稱為「外行星」。

從地球的角度看，內行星一直和太陽位於同一側，因此半夜看不見。

另一方面，從地球的角度看，外行星位於太陽的另一側，因此半夜能看見。

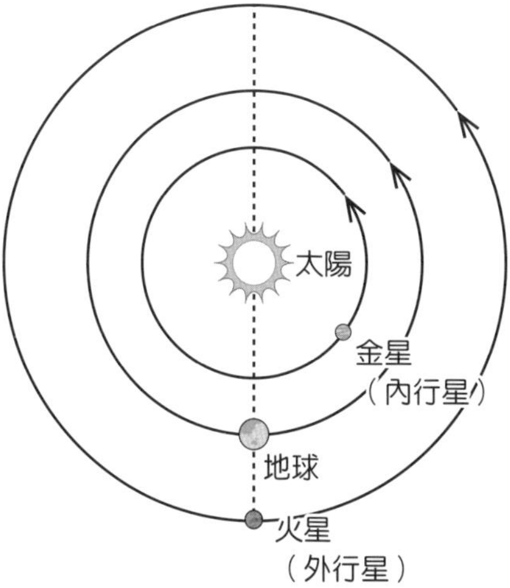

▲內行星與外行星的相對位置

內行星的特徵與觀察方法

●金星

金星覆蓋著一層厚厚的大氣，大氣的成分幾乎全都是二氧化碳。暖化嚴重，地表的溫度高達攝氏四百六十度左右。在繞著太陽公轉的行星中，金星的溫度最高。

金星屬於內行星，總是離太陽很近，因此只能在傍晚的西方天空或黎明的東方天空看到。在傍晚西方天空出現的金星稱為「昏星（長庚星）」，在黎明的東方天空出現的金星稱為「晨星（啟明星）」。

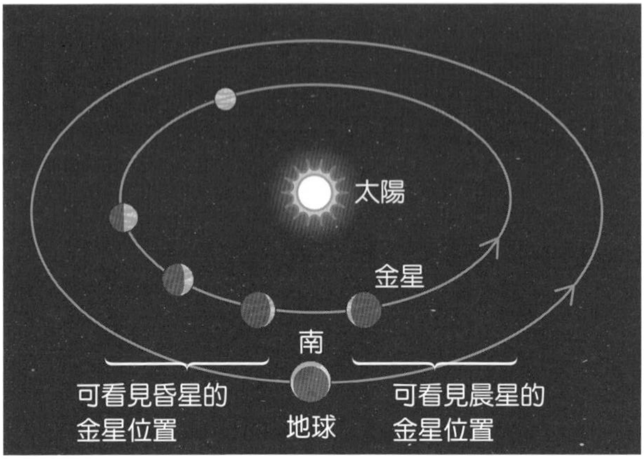

▲金星的觀察方法

和月亮一樣，陽光照射到的部位看起來是亮的，若用望遠鏡觀察，也和月亮一樣有陰晴圓缺。不僅如此，金星在太陽四周繞行，與地球的距離時有變動，觀察到的大小也時刻不同。

●水星

水星比金星來說更加的靠近地球，不像地球有大氣覆蓋，因此白天的溫度高達攝氏四百三十度左右，晚上的溫度卻只有攝氏負一百七十度，溫差相當大。

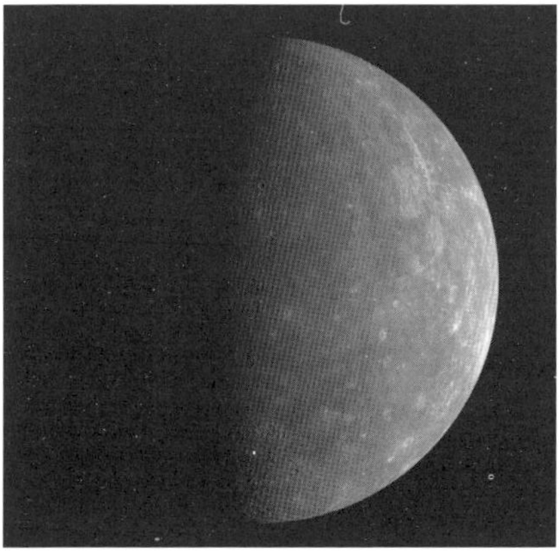
▲水星　影像提供／NASA/JPL/Northwestern University

由於水星與太陽的距離比金星還近，只能在傍晚和黎明極短的時間內看見，屬於很難觀察的行星。不妨朝著地面沒有遮蔽物的西方天空找找看。

外行星的特徵與觀察方法

●火星

火星有季節變化，在太陽系的所有行星中，地表環境最接近地球。科學家還發現火星曾有液態水流動的痕跡。

用望遠鏡觀察火星，可以欣賞其表面圖案。北極與南極由乾冰形成的白色部分稱為「極冠」。

火星每兩年兩個月接近地球一次，最接近地球時看起來十分明亮，是觀察火星最好的機會。由於火星是在地球外側繞行，地球與火星繞行太陽一周的速度不同，因此每兩年兩個月靠近地球一次。

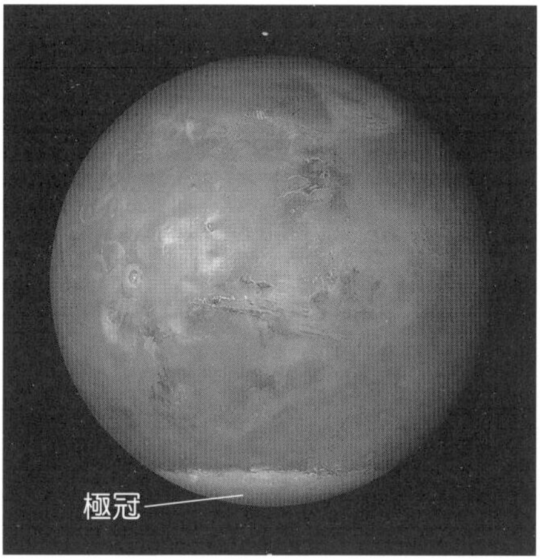

▶火星

影像提供／ NASA/JPL/Malin Space Science Systems

●木星

木星是太陽系行星中最大的天體（是地球直徑的十倍），特徵是赤道上有平行的白色與褐色條紋，還能看到被稱為「大紅斑」的巨型大氣旋渦。

圍繞行星四周的天體稱為「衛星」，木星有許多衛星，包括四顆「伽利略衛星」：「埃歐」、「歐羅巴」、「甘尼米德」和「卡利斯多」。這四顆衛星很亮，用小型天文望遠鏡也能看見。這些衛星與木星的相對位置只要幾個小時就會改變，記錄衛星的位置也很有趣。

此外，木星繞行太陽一周約十二年，從地球上看，就像是黃道（星座間的太陽通道）十二星座每年一個個移動的樣子。

▲木星

影像提供／ NASA/JPL/USGS

●土星

土星是太陽系所有行星中，僅次於木星的第二大行星。特色是擁有一個美麗的大環。土星環是由許多小冰粒圍繞著土星四周組成，看起來像是一個環。但由於土星環很薄，當陽光從旁邊照射，或從地球以側邊的角度觀察時，就會看不到土星環。

土星繞行太陽一周大約需要費時三十年，簡單來說，每十五年我們從地球上會看不見土星環一次。

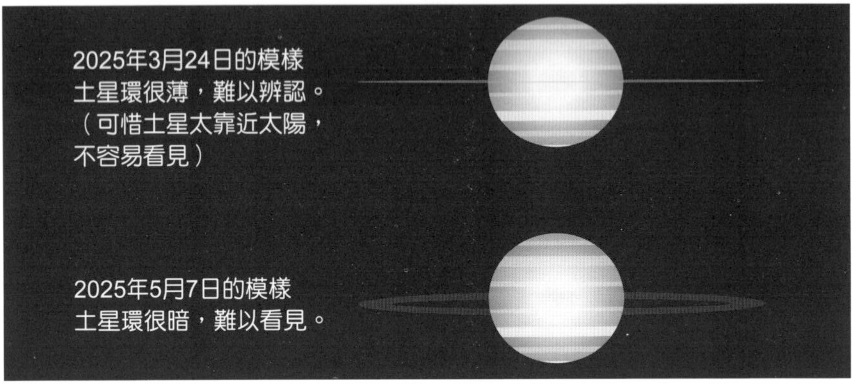
2025年3月24日的模樣
土星環很薄，難以辨認。
（可惜土星太靠近太陽，
不容易看見）
2025年5月7日的模樣
土星環很暗，難以看見。
▲土星環消失

觀察行星

裸眼可見的行星當中包括水星、金星、火星、木星和土星等五顆。如果有天文望遠鏡，還能觀察到金星的陰晴圓缺、火星和土星的模樣，以及土星環。不妨參考第二十六頁的方法，試著觀察看看。

我們的眼睛可以看見像金星那麼亮的行星，但想要仔細觀察的話，就必須使用天文望遠鏡。金星的陰晴圓缺費時較長，每天看不出什麼大變化（陰晴圓缺的週期約為一年七個月），只要長期觀察就能看出和月亮一樣的變化。

用天文望遠鏡觀察火星、木星和土星，可以清楚看見第六十七頁介紹的各自特徵：木星的條紋圖案、土星環與衛星。

此外，天文台和科學館也會舉辦開放民眾參加的觀測活動，各位如果有機會，千萬不要錯過。

迷你實物大百科

所謂的早餐，是指早上吃的飯吧？
嗯。
※綜藝摔
午餐是中午吃的，晚餐則是晚上吃吧？
嗯。
那麼，日食就是指一整天都在吃囉？
日食啊……是指明明是白天，太陽卻出現陰影，導致天空變暗的現象。
啊啊，那個我知道！
真是不可思議。
太陽缺少的那部分，到底消失去哪了呢？
這是太陽。
這是地球和月球……
月
地球
太陽
月球進入太陽與地球之間，就會產生陰影。
這就是日食!!

Ⓐ假的。太陽表面也有溫度較低的地方，由於看起來較暗，又稱為「黑子」。

真奇怪……
月球比太陽小很多吧？
日食應該是這樣才對。
有不懂的事……
就去查百科全書!!
就是因為嫌麻煩，才問的嘛……
哆啦A夢你知道嗎？
「迷你實物大百科」。
迷你實物大百科
ア〜ン
這個嘛……查百科太麻煩了……
查這個一點也不麻煩喔。
迷你實物大百科
按下
「日食」。

※飄

啊……
フワフワ
這是太陽。
這是月球和地球。
在地球上會看到月球的影子吧？
只有住在影子裡的人，才會看到日食。
原來如此！
這樣就很清楚了。
知道了的話，那就收起來吧。
無論什麼東西都能變出來嗎？
因為是百科全書啊。
迷你實物大百科
比如說「日本」的話……
迷你實物大百科
哇啊！好像衛星照片。
用顯微鏡來看的話，還能看到房子和建築物喔。

Q&A…Q 太陽的某個部位只能在日食時看見，這是真的嗎？

我有個非常想查的東西。
不能拿來隨便亂玩喔。
是動物學的問題。
「獅子」。
吼～
「老虎」。
嘎啊～
老虎和獅子，哪個比較強呢？
我不要借給你了!!
哎呀～真是傷腦筋。
吸塵器壞掉了。
有人會修嗎？

Ⓐ真的。我們只能在日食時看見太陽周圍的「日冕」，日冕溫度超過攝氏一百萬度！

Q&A…Q 太陽也有壽終正寢的一天，這是真的嗎？

媽媽想要查吸塵器。
是媽媽要用的喔。
「吸塵器」。
※吸
跟真的沒兩樣。
慢慢用吧。
用完就還我吧。
媽媽在用啊。
真是傷腦筋，我得出門了。
不要趁我不在時，隨便胡鬧喔！
因為每次借你道具，都沒好下場。
越聽越覺得生氣!!

Ⓐ真的。專家認為太陽的壽命約為一百億年。太陽現在是四十六億歲，還能繼續發光五十億年左右。

拿來查些什麼東西總行了吧？多查一些東西吧！
「電玩」。
※嗶嗶嗶
這是遊樂場用的機台。
可以用放大鏡邊看邊玩。
「音響」。
把唱片放進去……
音質真好。
做得比模型還要精細多了。
真帥！

拿到水裡玩吧。
不行嗎？
怎樣都不行嗎？
你家的池子借我用吧！
哪、哪裡有在賣這種的!?
我是用百科全書查到的。
滔滔不絕
多查一些好東西吧！
我想查甜納豆。
還有大福麻糬、鹹味仙貝、栗子羊羹、泡芙、果醬麵包、紅豆麵包、甜甜圈。
所以我不是跟你說過了嗎!?

Q&A…Q 太陽表面會爆發，這是真的嗎？

Ⓐ真的。太陽表面不時出現爆發的閃焰現象，對地球造成影響。

那樣太麻煩了，乾脆查「點心」吧，說不定會一次都出來呢！
「點心」。
※轟
出現「火災」了。
發音不對啊。
「消防車」！
所以我才討厭查百科全書啊。

※日文中的「點心」與「火災」發音近似。

日食是什麼？

每年有二到四次，太陽局部被月球遮住，或是完全遮住，這個現象稱為「日食」。

唯有在月亮與太陽在同一邊的新月之日，才會出現日食。每個月都有一次新月之日，但日食只會出現在太陽、月球與地球在外太空形成一直線的時候，而且只有限定的日期、時間和特定地點才能看見。

日食有以下三種：第一種是太陽被完全遮住的「日全食」。此時陽光會消失數分鐘，四周像是日落後昏暗，隱約的可以見到天上的星星。

當地球與月球的距離比日全食出現時更遠的時候，會產生第二種日食，也就是「日環食」。

而不是日全食也不是日環食，太陽出現部分虧缺的現象則稱為「日偏食」。在日全食與日環食形成的過程中，也可以看見「日偏食」的現象。

影像提供／左邊 2 圖 © 日本國立天文台、
右圖 Victor R. Ruiz from Arinaga, Canary Islands, Spain, via Wikimedia Commons

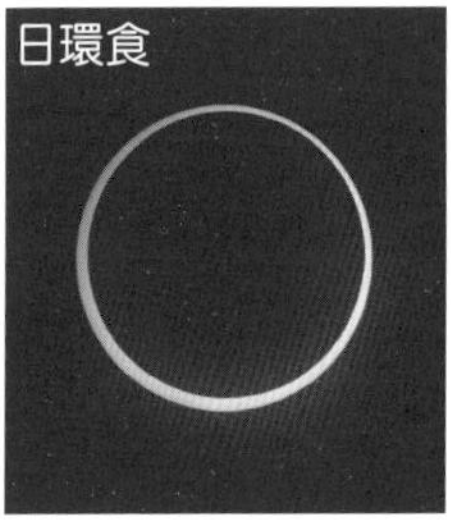

▲只能看見太陽輪廓

▲月球遮住整顆太陽

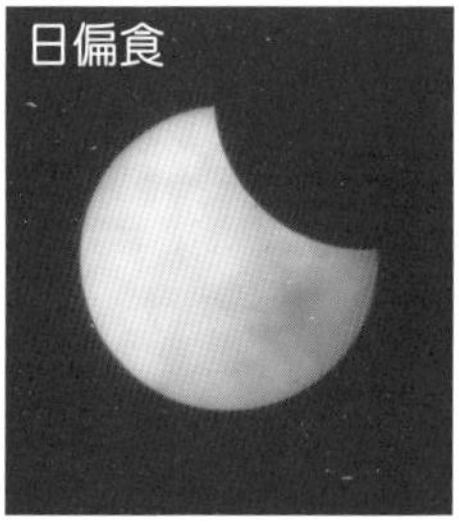

▲月球遮住太陽的局部

月食是什麼？

影像來源／zyunaita from Japan, via Wikimedia Commons

「月食」只出現在滿月之日。整個過程約數小時，歷經部分虧缺，或整顆月亮變得暗紅等過程，最後又恢復滿月狀態。

不過，並非每一次滿月都會出現月食。

當太陽、地球和月球在外太空形成一直線，就會產生月食現象。與日食不同，只要能看見月亮的地方，都能看見月食。從開始到結束需歷經數個小時，每次月全食的持續時間都不大相同。

月球局部虧缺稱為「月偏食」，整體變暗稱為「月全食」。月全食發生時，月亮會消失不見，看起來是暗紅色。

遮住月球、造成月食的原因是地影（地球的影子）。太陽光中含有許多色光，唯有紅光可以穿透地球大氣，折射到月球表面。這是月亮看起來偏紅的原因。

▲月球局部虧缺

▲整個月球變得暗紅

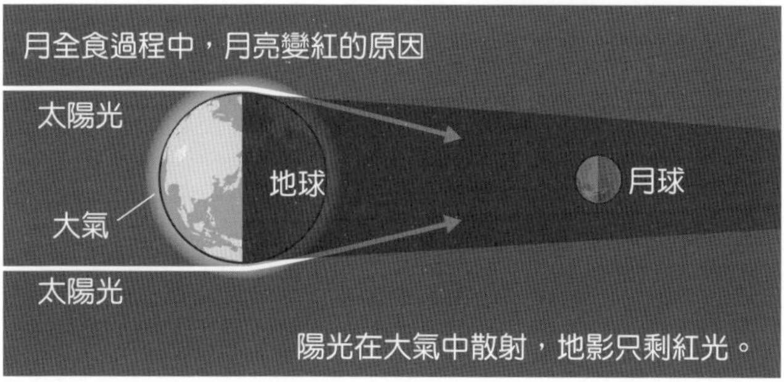

影像提供／2張皆為© 日本國立天文台

日食的形成原因

地球繞著太陽轉，月球繞著地球轉。當太陽、月球與地球依此順序排列成一直線時，就會形成日食。

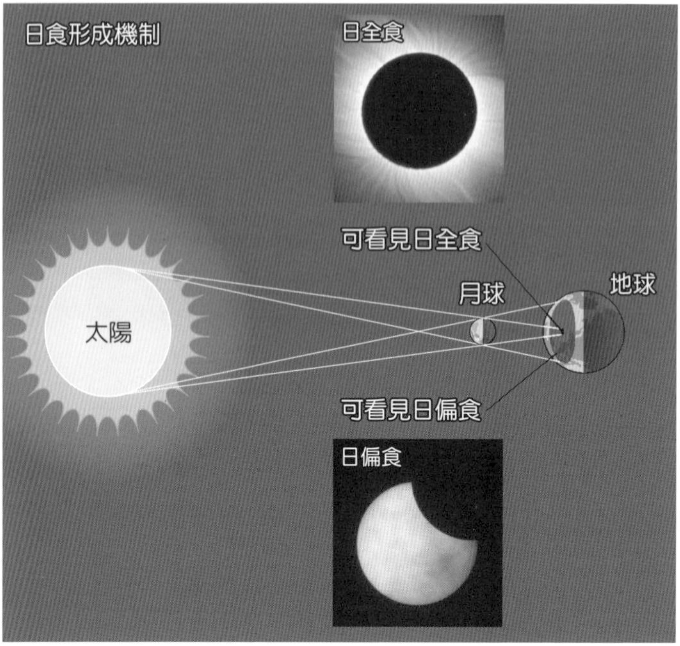

影像提供／上© 日本國立天文台、下 Victor R. Ruiz from Arinaga, Canary Islands, Spain, via Wikimedia Commons

從地球上看，月球剛好擋在太陽前方，遮住局部或整顆太陽，這就是日食形成的原因。

地球繞太陽一周（公轉）的時間為一年（十二個月），月球繞地球一周（公轉）的時間約一個月。但，一年出現過十二次日食嗎？事實上，每年出現日食的次數是零到四次。這是因為月球繞地球公轉的軌道面，與地球繞太陽公轉的黃道面呈現五度左右的傾角。

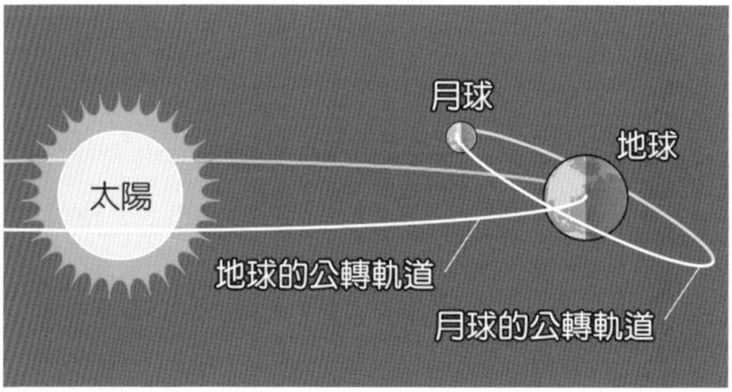

而且，日全食與日環食的差異，還來自於月球繞行地球的公轉軌道，並非與地球保持相同距離，離地球近的時候約為三十五萬公里，遠的時候約為四十萬公里，兩者相差五萬公里左右。這個差異讓我們從地球上看到的月亮，呈現出不同大小。當我們看到的月亮較大（離地球較近），就會形成日全食；當我們看到的月亮較小（離地球較遠），就會形成日環食。

月食的形成原因

當太陽、地球與月球依照這樣的順序排列成一直線，就會形成月食。各位發現了嗎？排列順序和日食不一樣。當月球進入地球的影子裡，就會被遮住局部或全被遮住。

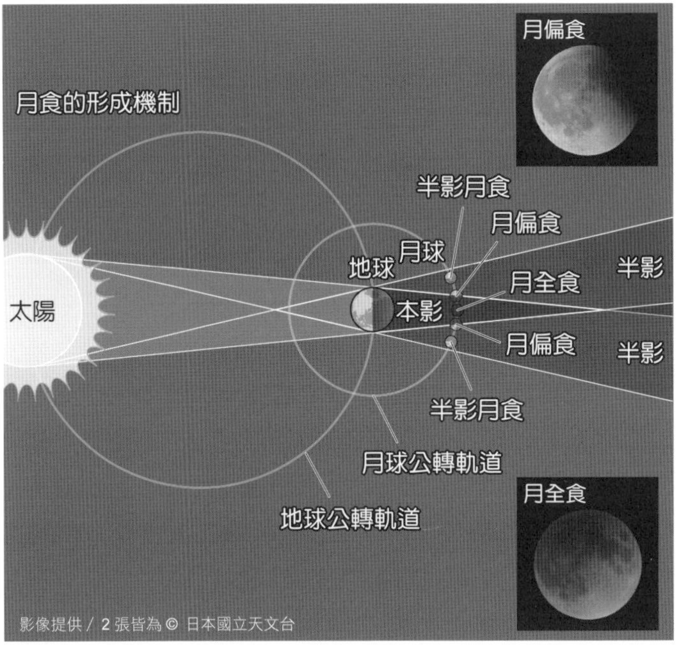

影像提供／2張皆為© 日本國立天文台

地球的影子可分成較深的「本影」，和本影四周較淺的「半影」兩種。月球進入半影會形成「半影月食」，進入本影則形成「本影月食」。月偏食和月全食都是本影月食的一種。半影月食的亮部變化很細微，大多數人都無法察覺。

月食的虧缺狀態與月球正常狀態下的陰晴圓缺不同，有時虧缺部分的弧度方向會完全相反。不僅如此，虧缺弧度兩端連起來的線，不會通過月球表面的中心。

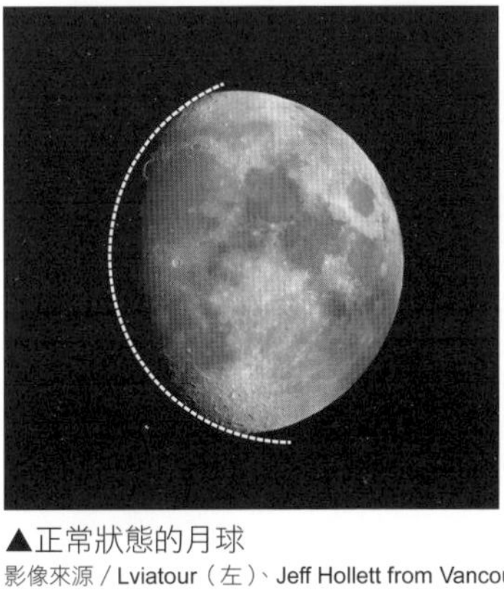
▲正常狀態的月球

▲月食狀態的月球

影像來源／Lviatour（左）、Jeff Hollett from Vancouver, Washington, USA（右）via Wikimedia Commons

觀察日食

注意！ 以眼睛直視太陽可能導致失明，請和大人一起以正確方式觀察。

●準備物品

・日食專用觀測眼鏡（日食眼鏡）或遮光板

※絕對不能使用一般的太陽眼鏡、黑色墊板、洋芋片包裝袋、鋁箔紙等物品觀測太陽。

如果買不到日食觀測眼鏡（日食眼鏡）或遮光板，請準備開了一個一到三毫米小洞的紙張或漏勺。

●觀察場所：陽光照得到的地方（室內戶外都可以）

●觀察方式（針孔相機式觀察法）

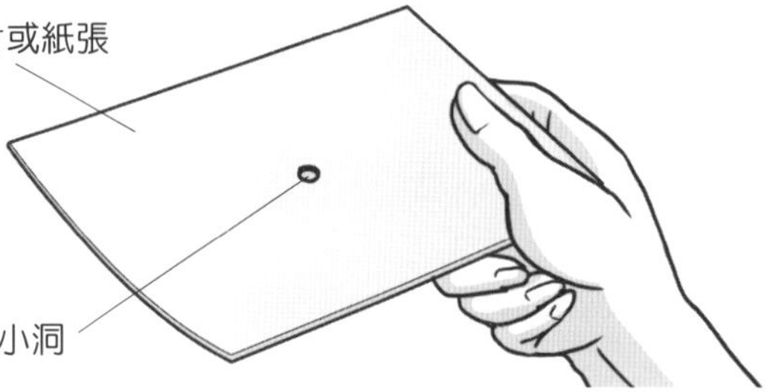

即使沒有專用的觀察用具，只要有一張開了小洞的紙，也能輕鬆觀察太陽的虧缺狀態。

①找一個能清楚映照出開洞的紙或漏勺的地方。

②觀察影子的形狀變化。

※使用日食眼鏡時，請仔細閱讀說明書，依照正確方式觀察日食。**絕對不可以使用望遠鏡觀測太陽。**

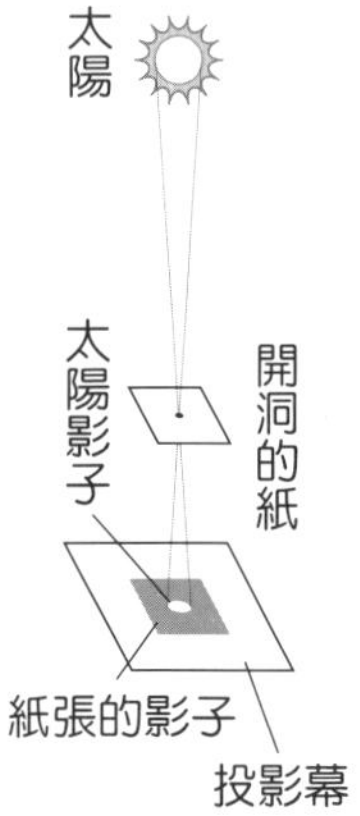

觀察月食

●準備物品

・沒有需要特別準備的

如果有望遠鏡，可以觀察地球影子在月球表面的隕石坑上移動的樣子。

●觀察場所：

看得見月亮的地方（室內戶外都可以）

・四周沒有遮蔽物，可清楚看見月亮的地方

●觀察方式

①確認月亮的位置和移動方向。

②仔細觀察月亮的形狀如何隨時間變化。

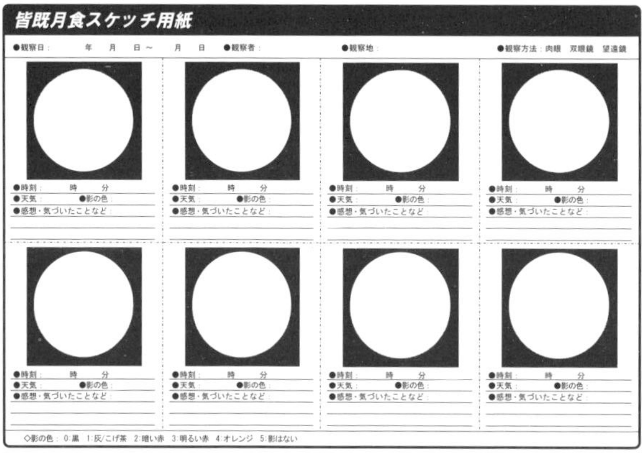

▲月全食素描紙（引自日本國立天文台官網）

★建議記錄下幾點幾分月食呈現出什麼形狀。

●觀察重點

①仔細觀察月亮形狀的同時，也要注意顏色如何變化。

②虧缺的月亮中心和邊緣顏色如何變化？

③月亮周圍的星星有什麼變化？注意月全食開始前與月全食形成後，星星的模樣有何改變。

影像提供／Vixen

欣賞日食與月食

●日食日曆

二〇二四年到二〇三五年之間全世界出現的日食現象，包括日全食、日環食、日偏食在內，總共有二十六次。不過，能夠看見日食的地區有限，若無法到當地就看不到所有日食。在二十六次中，日本只能看見兩次（台灣看不到），若想親眼見證所有日食，現在就開始規劃吧！

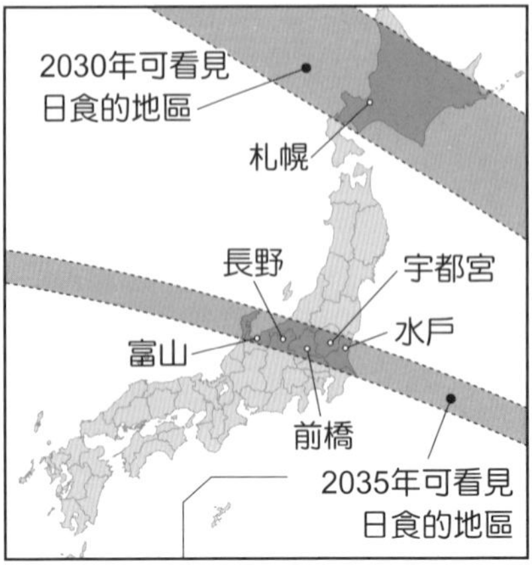

日期	日食種類	日本可見地區
2030年6月1日	日環食	北海道大部分地區
2035年9月2日	日全食	富山、長野、前橋、宇都宮、水戶等

●月食日曆

相較於日食，能夠看見月食的機會較多。二〇二五年到二〇三五年之間，全世界共有二十七次月食，日本和台灣能夠看見其中的十一次！（詳如左表所示）。

一共有九次月全食，還有一年出現兩次月食，以及完全沒有月食的年分。

日期	可見月食種類 日本	可見月食種類 台灣
2025年9月8日	月全食	月全食
2026年3月3日	月全食	月全食
2028年7月7日	月偏食	月偏食
2029年1月1日	月全食	月全食
2029年12月21日	月全食	月全食
2030年6月16日	月偏食	月偏食
2032年4月25日	月全食	月全食
2032年10月19日	月全食	月全食
2033年4月15日	月全食	月全食
2033年10月8日	月全食	月全食

專欄

「天岩戶神話」是講述日食的故事？

各位可能會猜想，自古流傳的日本神話當中，有沒有與日食有關的故事？答案是有的，那就是日本的「天岩戶神話」。

在神話中有一段講述到「思金神招來許多長鳴鳥（雞），讓牠們在天岩戶屋前咕咕咕叫個不停」，就是在表達日食造成天色變昏暗，動物們開始騷動的模樣。「天照大神悄悄將天岩戶開了一條縫偷看」則是在表現日全食快要結束時，太陽光逐漸從隙縫露出，照射大地的模樣。

「天岩戶神話」

很久很久以前，有一個名為高天原之地，是眾神居住的世界。太陽女神天照大御神和祂的弟弟須佐之男命等神祇都住在那裡。

須佐之男命四處搗蛋，不但破壞田地還殺死馬匹，惹得天照大御神怒氣沖天，於是祂把自己關進天岩戶裡隱居。

太陽神躲起來之後，世界變得漆黑一片。作物無法生長，疾病蔓延，世界陷入混亂。不知所措的神祇們聚在一起，想辦法讓天照大御神出來。

思金神招來許多雞，讓雞咕咕叫宣告早上來了，但太陽神還是不出來。祂們試過了許多方法，最後在天岩戶前唱歌跳舞。太陽神聽見喧鬧，忍不住想：「明明我不在，世界應該漆黑一片，為什麼祂們如此開心？」於是偷偷探頭出來看。就在這一刻，力大無窮的神祇打開岩石大門，抓住天照大御神的手，把祂拉了出來。於是太陽再次普照大地，世界恢復和平。

相反行星

？
你在那裡做什麼？
沒、沒什麼！
不要藏嘛，借我看。
我想變聰明
什麼東西啊？

什麼？
因為別人老是罵你笨蛋，
所以你為了跟星星許願讓你變聰明，
打算做一支七夕許願竹，
可是找不到竹子，只好把詩籤吊在釣竿上許願。
該說你笨，還是該可憐你呢……
好好，星星一定會實現你的願望。
只有哆啦A夢最了解我！
話說回來，牛郎織女星在哪裡？
天琴座右邊就是織女星。
天鷹座脖子的根部就是牛郎星。
哪個是天琴座？哪個又是天鷹座？
在天鵝座的旁邊，
你看，就在銀河中央。
哪裡啊？
跟我講比較明顯的目標嘛，
比如說從對面家的天線……
向上數來第幾顆。
我看看……一顆、兩顆、三顆……

Q&A…Q 下列哪個星座不存在？①顯微鏡座 ②望遠鏡座 ③放大鏡座

怎麼可能數得出來嘛。
你真笨。
啊！連你也罵我笨蛋！你也瞧不起我！
「天球儀」。
仔細看銀河四周喔。
是這顆……
和這顆！懂了嗎？
好清楚喔。
做得好精緻，好像真的有星星在裡面。
真的有星星啊。
這是用超微粒拷貝製造出一模一樣的星星。
咦!?真的嗎？
而且，
在其中有生物居住的星球裡，都配置著超迷你機器人。
真的？

Ⓐ③放大鏡座。顯微鏡座與望遠鏡座是真實存在的星座，日本可在夏秋兩季看見出現在南方低空處。

用「天體顯微鏡」觀察看看。
哇啊！
讓我看。
先等我調整好後……
可以看了。
哇，好漂亮喔……這是什麼？
武仙座球狀星團M13。是銀河系中的古老行星。
啊，甜甜圈！
天琴座的環狀星雲M57。
沒有地球嗎？
當然沒有，這是從地球看到的宇宙。
但是說不定有地球型的行星……
哇啊～！

Q&A……Q 下列哪個星座真實存在？①鹿豹座 ②河馬座 ③大象座

Ⓐ ①鹿豹座。位於北天極附近，亮度很暗，不容易觀察。不過，在日本一整年都能看見。

怎麼了？
你看這個！
哇!!
雖然左右相反，
不過形狀跟日本一模一樣。
我在科幻漫畫裡看過所謂的相反世界……外表跟地球一樣，但所有的一切都是相反。
就是像這樣的星球。
既然如此！
我們就去看看。
什麼!?

怎麼去？
上來就知道，快點！
出發！
啊，開始縮小了！
還會更小喔。
好，出發囉。
哇！四周一片黑暗。
我們進入天球儀了。

Q&A…Q 哪一個是在天空中面積最廣的星座？①大熊座 ②長蛇座 ③處女座

Ⓐ②長蛇座。長蛇座約占天際面積的百分之三點二，處女座約占百分之三點一，大熊座約占百分之一點四。

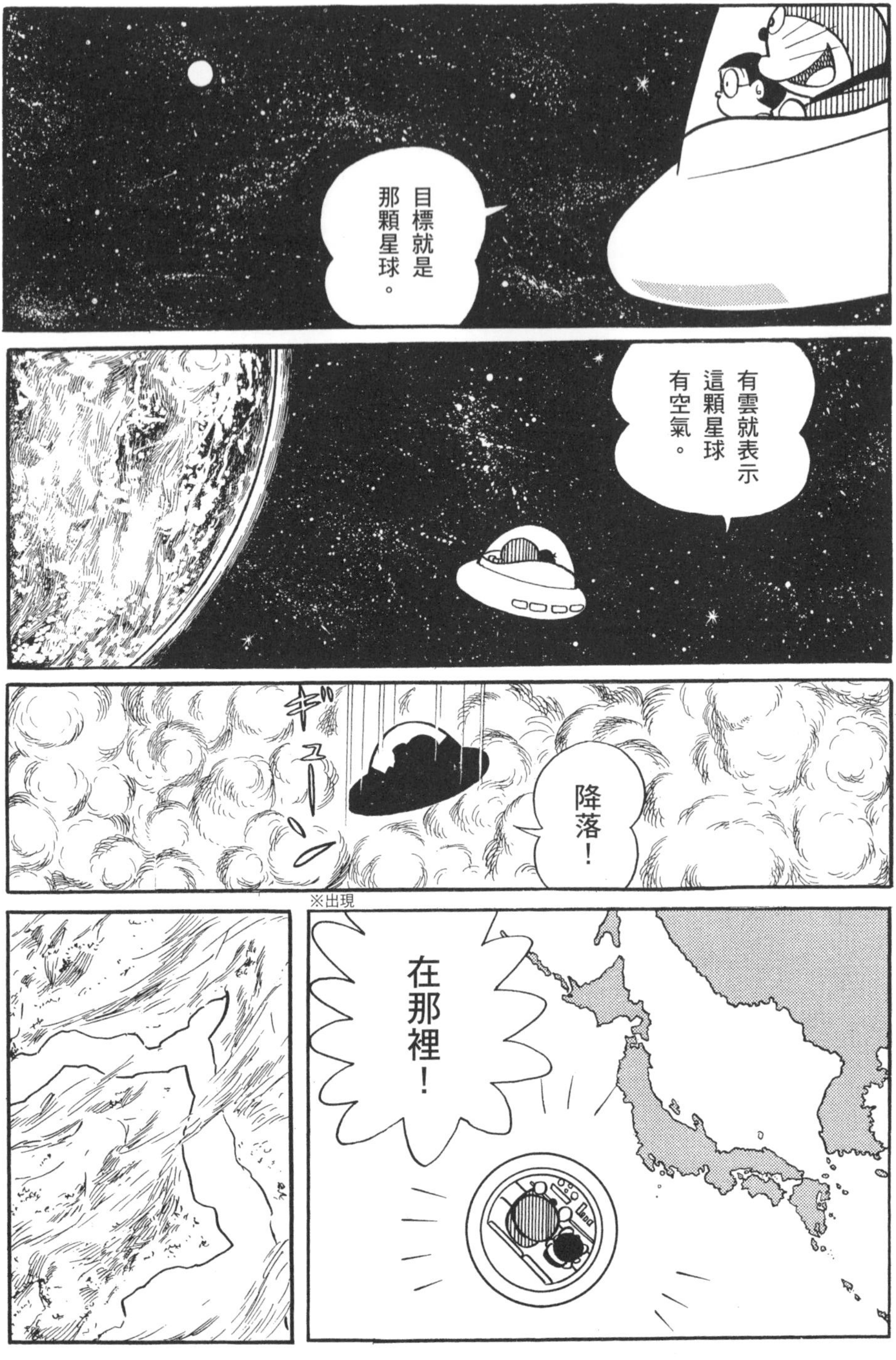
目標就是那顆星球。
有雲就表示這顆星球有空氣。
ギューン
降落！
※出現
在那裡！

Q&A…Q 参宿四的原文「Betelgeuse」，意思是「巨人的腳踝」，這是真的嗎？

Ⓐ 假的。阿拉伯文的意思是「巨人的肩膀」或「巨人的腋下」。

啊～～跟我們住的地方一模一樣！
所有的房子我都認識……
這裡真的是別的星球？
不是地球？
絕對不可能是地球！

你要去哪？
我家應該在這邊。
找到了！
仔細看，左右完全相反。
真的耶。
這麼說來，這裡面……有一個完全相反的我囉？
你看！
太陽從西邊升起……
大家起床了，我們躲在一邊觀察。
有人跑過來了。
啊！那是！

Q&A…Q 有顆星星是鑽石組成的，這是真的嗎？

Ⓐ真的。這顆星是巨蟹座的一顆行星，重量約為地球的八倍，其中三分之一為鑽石。

救命啊～
你不是說要借我看作業嗎!?
可是人家不會寫嘛。
不要欺負他。作業太難，連我也不會寫。
連靜香也不會？
這個星球果然完全相反。
啊，天才來了。
教我！天才！
天才！救命！
世界第一的天才！
不要叫我天才啦!!

第5章 觀察星座

什麼是星座？

星座是將星星的排列形狀比喻成動物、人或是物品等，再以此取名。各位是否聽說過獅子座、巨蟹座、處女座等星座占卜常見的星座名稱？這些稱為「黃道十二星座」，是最有名的星座。

其他還有蛇夫座、牧夫座等，天文學家最常用的星座，數量高達八十八個！這代表整個天空劃分成八十八個大小區塊。

是誰創作出星座？

第一個完整記錄星座的是大約一千九百年前的埃及學者托勒密，他總共記錄了四十八個星座。此後，許多人乘船往來於世界各地，陸續出現了各種新的星座。

不過，這些都是發想者自己的想像，而且有不少星座是重複的，很難訂出星座位置或決定名稱，造成了不少困擾。為了解決這個問題，一九三〇年全球天文學者成立國際天文學聯合會（IAU），統一了八十八個星座的形狀和名稱。

●為各位介紹與生日相對應的星座，你是什麼座呢？

星座	生日
牡羊座	3月21日～4月19日
金牛座	4月20日～5月20日
雙子座	5月21日～6月21日
巨蟹座	6月22日～7月22日
獅子座	7月23日～8月22日
處女座	8月23日～9月22日
天秤座	9月23日～10月23日
天蠍座	10月24日～11月22日
射手座	11月23日～12月21日
摩羯座	12月22日～1月19日
水瓶座	1月20日～2月18日
雙魚座	2月19日～3月20日

星座一整天都在動

在不同時間我們看到的星星位置會不一樣，地球是以北極星為中心，約每二十三小時五十六分鐘自轉一圈（三百六十度）。簡單的來說，一小時轉動十五度左右。

觀察星座就能看出星星移動的樣子。

接下來以冬季的代表星座獵戶座為例。冬天時，獵戶座出現在傍晚的東邊，通過南方天空，以一整晚的時間往西邊移動，在清晨西下。

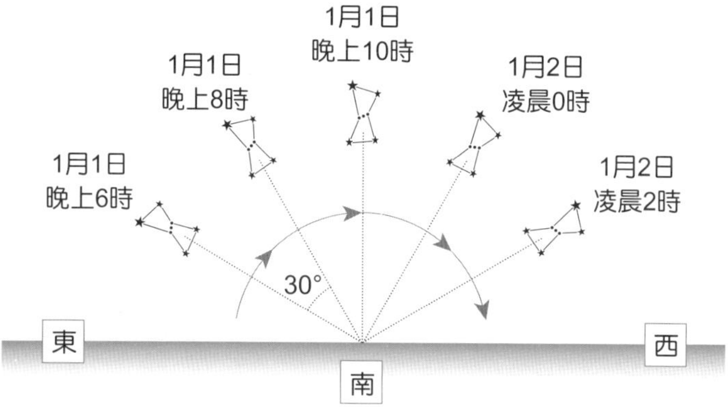

星座的一年動向

●不同季節中，可看見的星座種類和星座位置皆不同。由於地球每天由東往西移動一度左右，一個月約三十度，一年三百六十度，亦即一周。這是因為地球繞著太陽的「公轉」週期就是一年繞行一周。

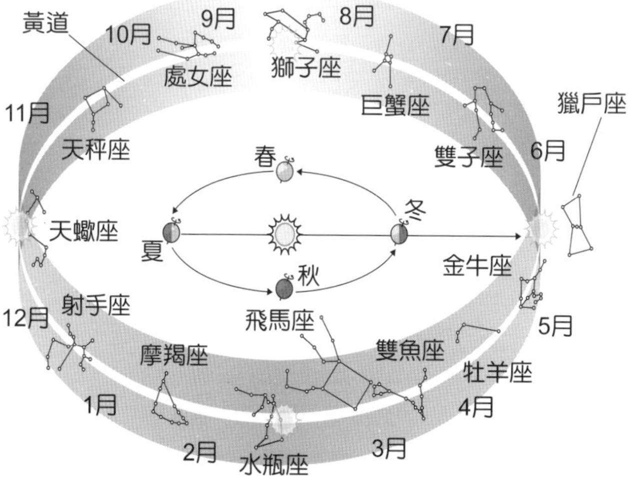

找出北極星

從地球往天空看，位於北方，所有星星轉動中心的附近有一顆北極星。由於地球自轉軸幾乎朝向北極星，因此在我們眼裡，只有北極星靜止不動。北極星是大熊座的其中一顆星，亮度為二等星。一整年都能在北方天空看到它，有助於我們辨別方位。以下是找出北極星的方法，各位一定要記住喔！

●找出北極星的方法

①先定位尋找基準星座

要在廣闊夜空中找到北極星，是很困難的事情。因此要先確定一個基準點，找出形狀簡單易懂的星星排列。

最容易找到的是排列形狀如W的「仙后座」，以及「大熊座」中呈勺子形狀的「北斗七星」。

②參考圖示，靠想像力在夜空畫出線條

從仙后座尋找北極星的方法是沿著W兩端畫出延長線，兩條線的交叉點，與W正中間頂點延伸出去交會而成的線條為基準。該線條5倍長的位置就是北極星所在之處。

從北斗七星尋找北極星的方法是以斗口兩顆星的長度為基準，往前延伸五倍處，較為明亮又呈黃色的星星就是北極星。

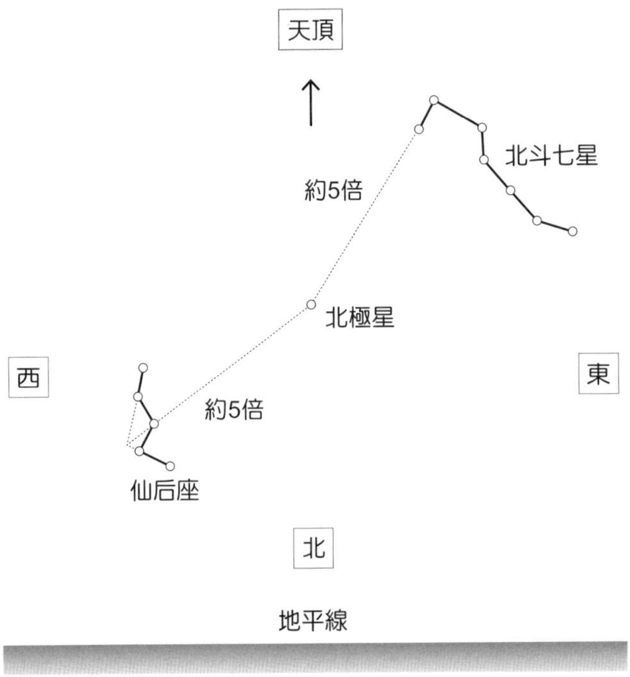

欣賞春季星座

春季容易找到的星座有：大熊座、小熊座、處女座、牧夫座、獅子座

5月中旬晚上9點左右　東京的星空　May

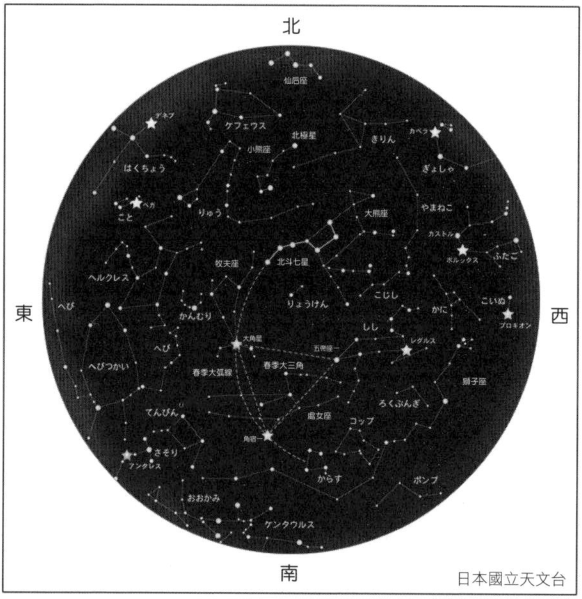

※ 未標示行星和月亮

引自日本國立天文台官網

●以春季大弧線和春季大三角為基準尋找星座

① 找出北斗七星！

先找出位於北方高空的北斗七星，北斗七星是大熊座的一部分。

② 找出「春季大弧線」！

沿著北斗七星的勺柄弧度往外延伸，會找到牧夫座的橙巨星大角星，再往前延伸則可找到處女座的角宿一（呈藍白色）。這就是春季大弧線。

③ 找出春季大三角！

以直線連結牧夫座的大角星，處女座的角宿一，再跟獅子座的五帝座一所連成的三角形，稱為「春季大三角」。

接著尋找附近的星座！各位看得出大熊座旁邊有一個小熊座嗎？將小熊座的星星連結起來，外型很像北斗七星的勺子呢！

欣賞夏季星座

夏季容易找到的星座有：天鵝座、天琴座、天鷹座、天蠍座、射手座

8月中旬晚上9點左右　東京的星空　August

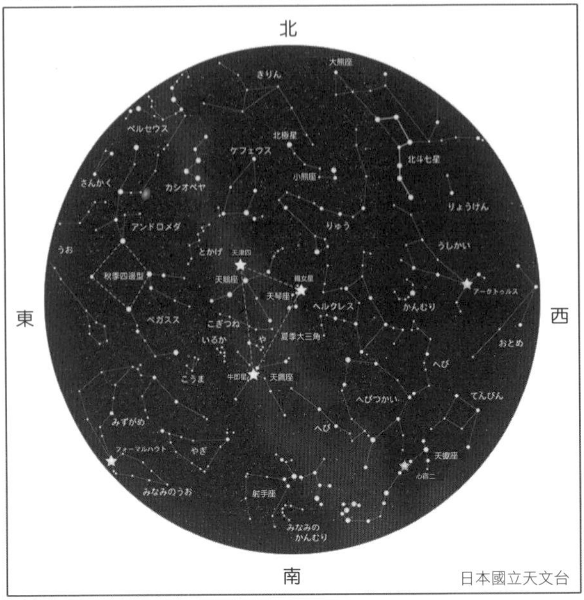

※ 未標示行星和月亮　　引自日本國立天文台官網

●以夏季大三角為基準尋找星座

①各位看見銀河了嗎？

在沒什麼路燈，能看見許多星星的地方，可以從南方地平線往上延伸處發現銀河。先來找找看吧！

②找出夏季大三角！

天琴座的織女星在東方高空的銀河附近閃耀，銀河對面則是天鷹座的牛郎星，銀河裡還有一顆天鵝座的天津四。這三顆星星組成的三角形就是「夏季大三角」。在銀河兩邊對望的星星，分別是織女星與牛郎星，就是我們熟知的七夕故事主角。

③找出天蠍座、射手座！

在南方地平線看見的紅色星星是天蠍座的心臟，名為心宿二。心宿二 Antares 在希臘文的意思是「火星的敵手」。位於天蠍座東邊的射手座，有六顆如北斗七星排列的星星。

欣賞秋季星座

秋季容易找到的星座有：仙后座、飛馬座，以及南魚座

11月中旬晚上8點左右　東京的星空　November

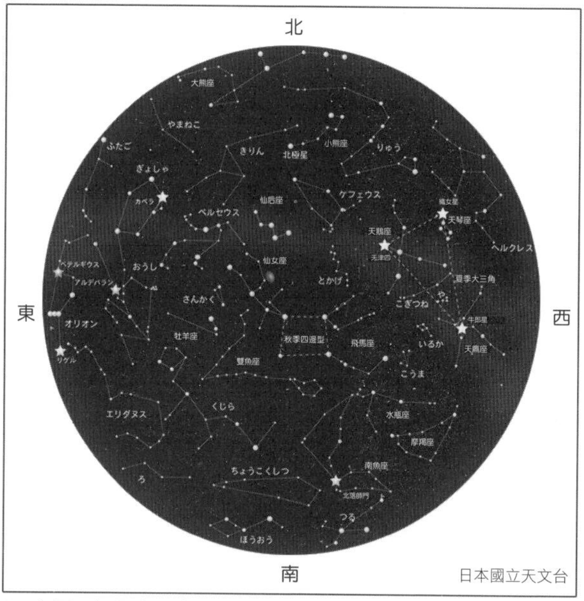

※ 未標示行星和月亮

引自日本國立天文台官網

●以秋季四邊形為基準尋找星座

①找出秋季四邊形！

「秋季四邊形」是在南方天空排成四方形的星星，也是飛馬座的身體部分，又稱為「飛馬座四邊形」。

②找出明亮的星星「北落師門」！

在南方低空處，可以找到南魚座的北落師門（南魚座α）。這是秋季星座中唯一的一等星（最明亮的恆星）。

③找出冬季到春季的生日星座！

秋季四邊形旁排列著牡羊座、雙魚座、水瓶座、摩羯座等生日星座。

觀察秋季星座時，一個晚上就能看見四季星座在天空流轉。剛入夜的時段可以在西方天空看見夏季大三角。等到夏季大三角西沉後，冬季大三角就會出現在東方的天空。

欣賞冬季星座

冬季容易找到的星座有：獵戶座、大犬座、小犬座、金牛座、雙子座、御夫座

2月中旬晚上8點左右　東京的星空　February

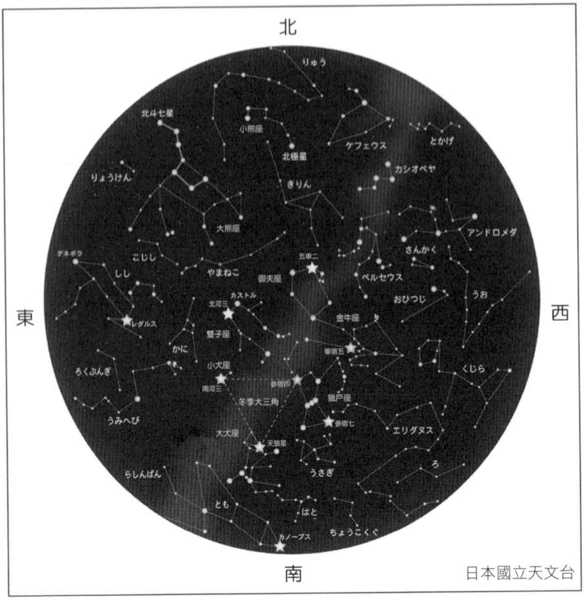

※ 未標示行星和月亮　　引自日本國立天文台官網

●以冬季大三角為基準尋找星座

①找出獵戶座！

南方天空有三顆排在一起的明亮星星。左上方為紅色的參宿四、右下為白色的參宿七，獵戶座三顆星的下方還有獵戶座大星雲。

②找出冬季大三角！

獵戶座南方可看見大犬座中，又白又亮的天狼星。天狼星是全天最亮的恆星。獵戶座天狼星的東邊，還有小犬座的南河三。這兩顆星星與參宿四連成的三角形就是冬季大三角。

③找出冬季六邊形！

找到參宿七、天狼星與南河三後，再繼續找出雙子座的北河三、御夫座的五車二、金牛座的畢宿五。這六顆星連在一起就是冬季六邊形，亦稱為冬季大橢圓。

專欄

南半球的星空

台灣是位於地球北半球的國家，各位知道位於南半球的國家，星空看起來是什麼樣的嗎？

●星座與北半球看起來相反！

人站在北半球和南半球時，會朝著相反方向。由於星座朝向不變，因此看起來的形狀完全相反。而且，月亮的陰晴圓缺在北半球和南半球，也是完全相反。

●沒有南極星？

北半球的星星看似以北極星為中心移動，但南半球沒有南極星。既然如此，在南半球觀測星星時，要以什麼為基準觀察星星動向呢？答案是利用「南天極」周圍的星座，找出南天極的概略位置觀測天體。

在北半球觀察獵戶座的方法

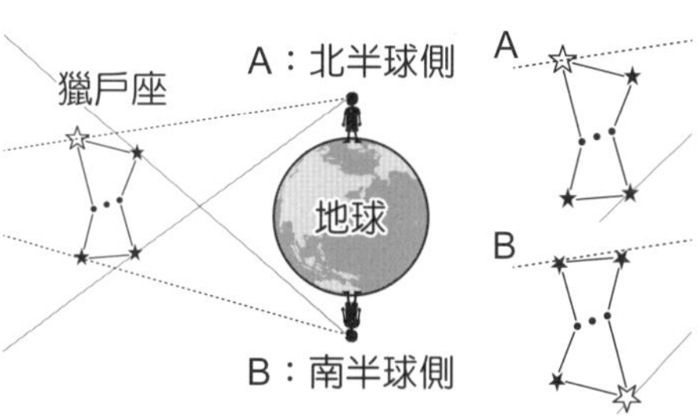

在南半球觀察獵戶座的方法

●南方天空的印記「南十字星」

利用容易定位的南十字星（南十字座），就能找出南方星星旋轉的中心點「南天極」。

首先找出星星串起的十字形，較長的那條線延伸四倍半左右，那一帶便是南天極。

●可以看見台灣看不見的星座！

到南半球就能看見在北半球的台灣看不見的星座。蒼蠅座、天燕座、南極座都位於台灣看不見的天空位置，只要去南半球就有機會欣賞。

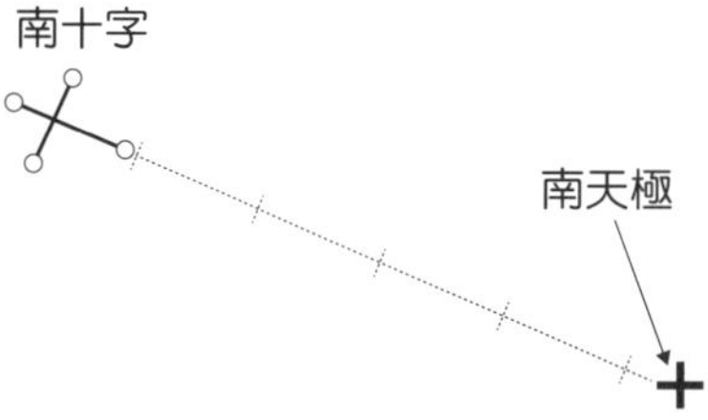

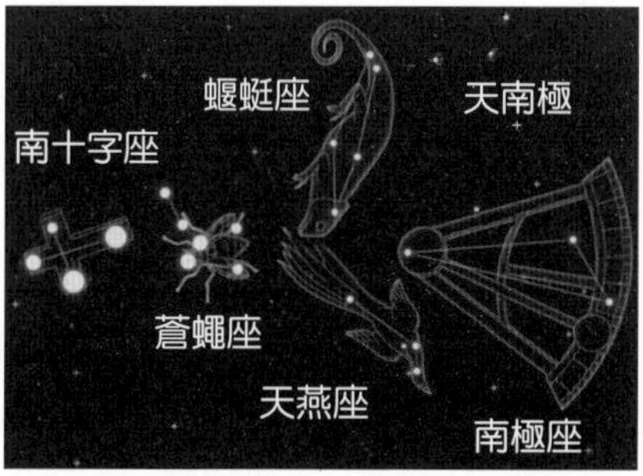

銀河鐵道之夜

響徹雲霄的汽笛聲！
活塞慢慢的啟動，過沒多久……
巨大的鐵製身軀震撼著大地，勇猛前進。
蒸汽火車是不錯……
但是已經完全被取代了。
日本只有那個地方搭得到蒸汽火車。
你們可以拜託爸爸帶你們去啊。
不過或許沒辦法吧！
還是一樣令人討厭!!
哆啦A夢～
真難看！
沒有必要羨慕別人。

Q&A…Q 從地球看到的行星，總是朝相同方向移動，這是真的嗎？

知道嗎？
掉了什麼東西。
銀河鐵道乘車券
地球→彼方星雲
2111年9月3日20:07發車
哆啦A夢!!
什麼？
……
沒有……沒事。
我問你喔，銀河鐵道是什麼？
蒸汽火車型的太空船。
那……要坐的話應該怎麼辦？
只要用剪票器剪下車票，太空船就會來接你了。
隨時隨地都可以搭乘，很方便的。
如果現在在這裡想搭乘就可以搭囉。

為什麼問這個呢？
沒、沒事。
哇！
蒸汽火車型的太空船？
從來沒聽過啊。
我打算今晚去搭乘。
對了，叫它來學校後山接我。
又來了。
你是想讓我們羨慕才這樣說的吧！
沒關係，信不信由你們。
到時候照相給你們看。
真期待今天晚上啊。

Ⓐ假的。有時行星也會「逆行」，從地球看，行星朝相反方向移動。

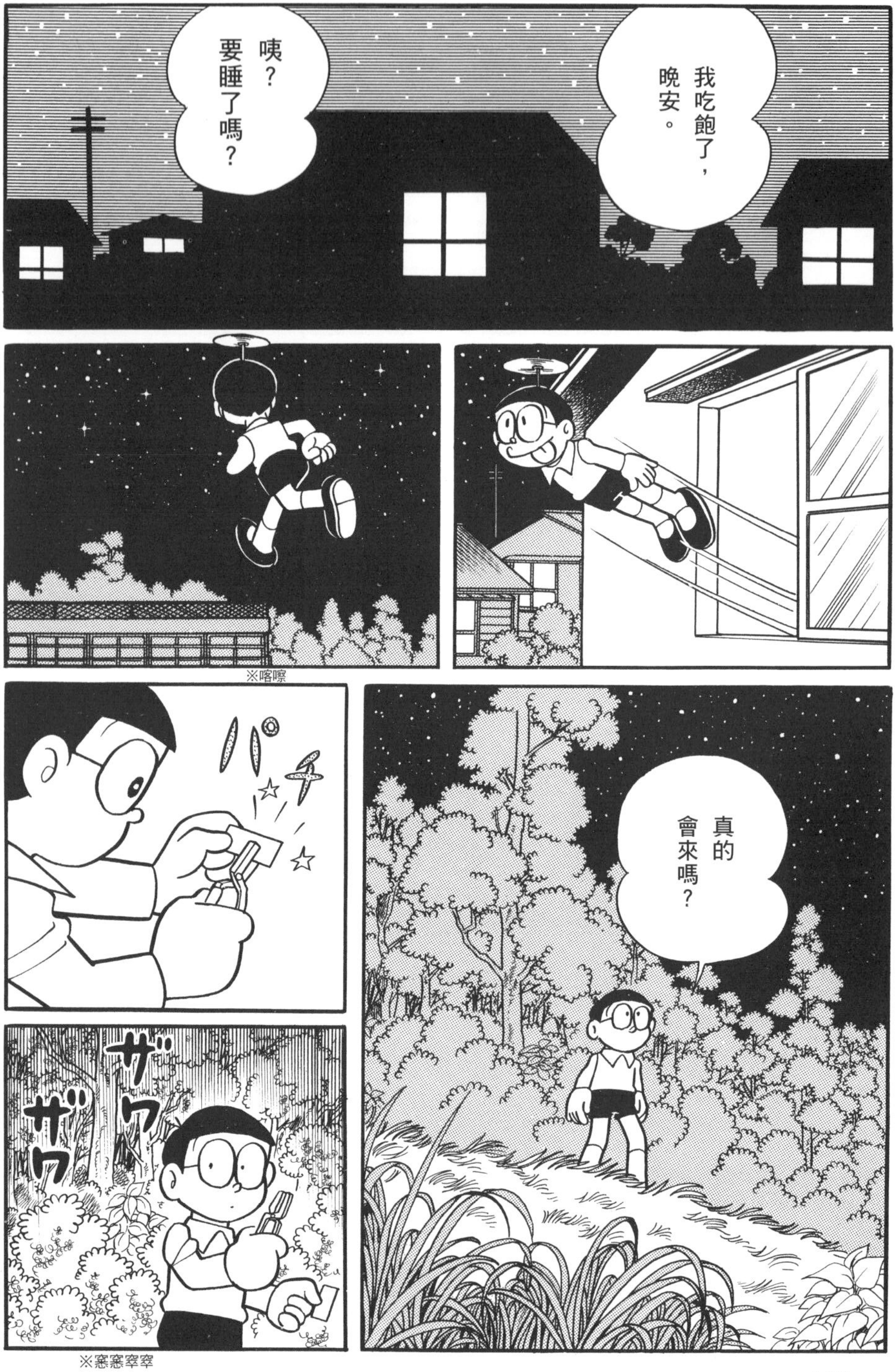
我吃飽了，晚安。
咦？要睡了嗎？
※喀嚓
真的會來嗎？
※窸窸窣窣

Q&A…Q 據說「銀河」與「仙女座星系」會相撞，這是真的嗎？

我們來看看到底是真是假。
那個蒸汽火車在哪裡呢？
等、等一下就會來了。
你果然是在騙人!!
※咘
※咘咘、嗡嗡
啊啊！
快看那個！
※咘咘、嗡嗡
※咘咘咘

Ⓐ 真的。「仙女座星系」以時速四十萬公里左右的速度朝「銀河」接近，大約四十億年後會撞在一起。

怎麼樣？真的來了吧！
ゴットン
※叩咚
安波羅星雲發車，往彼方星雲。
要搭乘的旅客請快上車。
拜託你。
我們也要坐。
可是，車票只有一張。
幾個人都沒關係，反正只到今天……
真隨便啊！

Q&A…Q 據說黑洞會消失不見，這是真的嗎？

A 真的。理論上，「微型黑洞」會快速蒸發。

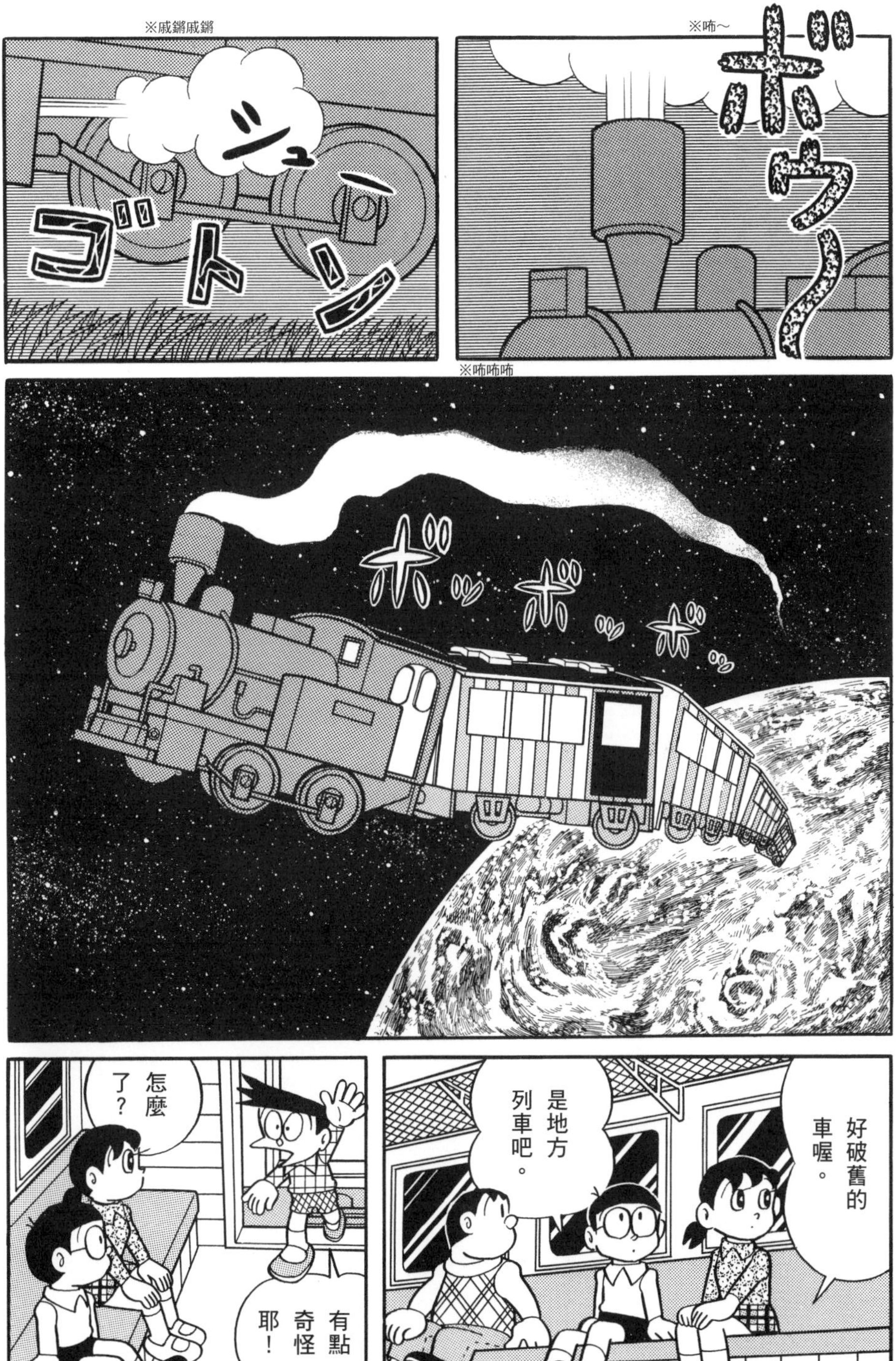
※咘～
※戚鏘戚鏘
※咘咘咘
好破舊的車喔。
是地方列車吧。
怎麼了？
有點奇怪耶！

除了我們以外沒有別人！
感覺好可怕呀！
喂～
有人在嗎？
有什麼事嗎？
有車掌在耶！
為什麼沒有其他乘客呢？
從前不是這樣的，
那時不排隊還買不到票呢。
自從那個發明以後，
現在已經蕭條了……
那個是指什麼？

Q&A…Q 即使只有方糖大小，有些星星的重量達數億噸，這是真的嗎？

Ⓐ真的。中子星是恆星最後階段的型態之一，雖然很小卻很重，一立方公分就重達數億噸。

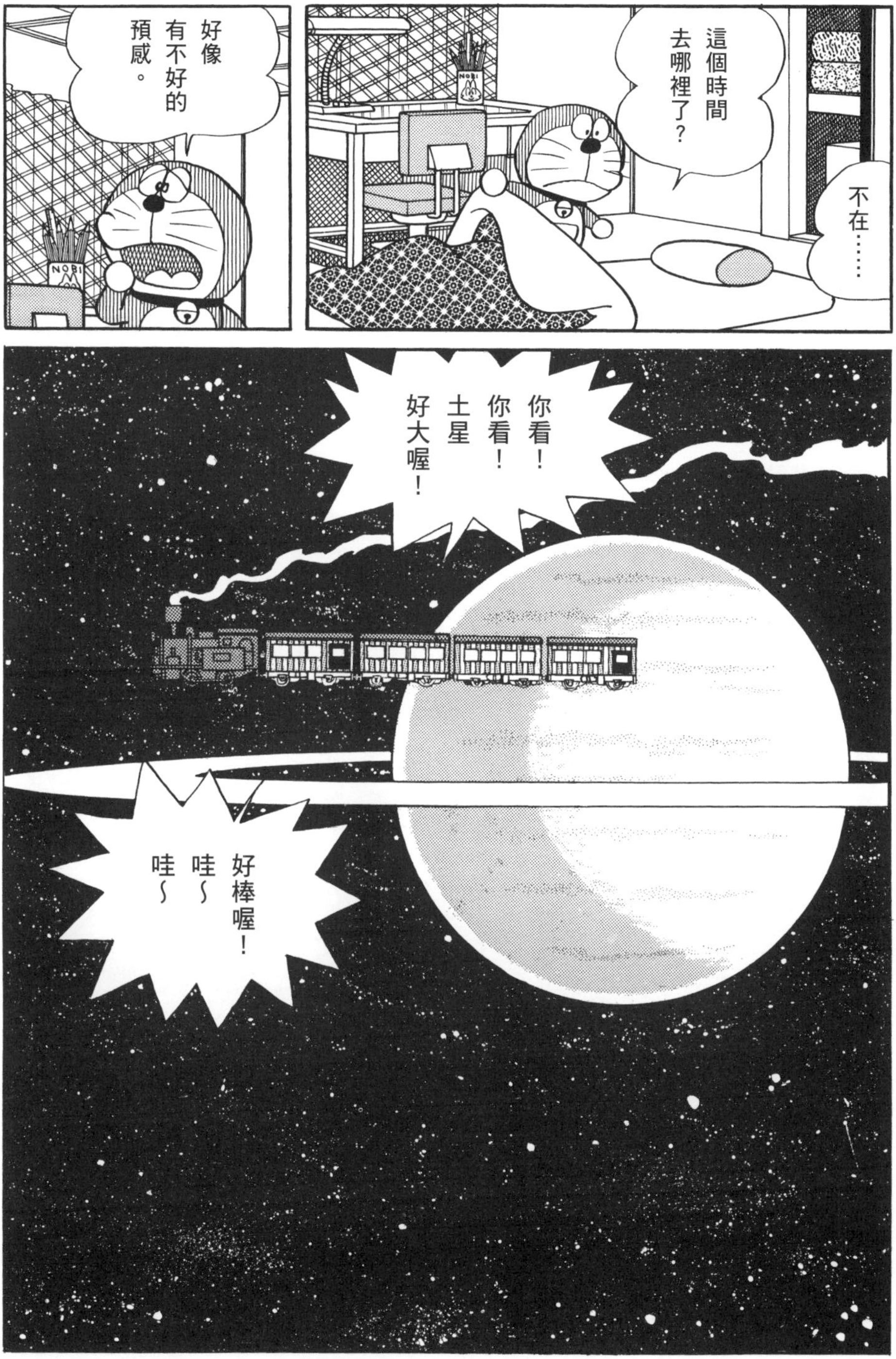

這個時間去哪裡了？
不在……
好像有不好的預感。
你看！你看！土星好大喔！
好棒喔！哇～哇～

好美的星海。
很漂亮吧，能來真是太好了。
咦？
什麼都看不到了。
現在進行超時空跳躍，在到達終點站前都是這個樣子。
真無聊。
肚子餓了，想買鐵路便當吃。
會不會停在哪個星球呢？
到終點站前都不會停的。
因為沒有人上下車。
我們想要下車。
不行，你們的車票是到終點站。

Q&A…Q 恆星只能一顆顆誕生，這是真的嗎？

車票不見了……
掉了嗎？
糟了！
我是為了留作紀念才買那張車票的。
大雄怎麼可以這樣!?
而且還搭上那班列車！
終點站到了，請不要忘了自己隨身的行李。
哇～終於能下車了。
什麼嘛！好荒涼的星球。
什麼都沒有啊！
宇宙盡頭的彼方星雲是最偏僻的星球啊！

Ⓐ假的。天文學家觀測到剛誕生的兩顆恆星互繞的模樣，稱為「雙星」（一半以上的恆星為雙星）。

真的是宇宙的盡頭耶！這邊連顆星星都沒有。
我們不想待在這種地方啦！
我想回地球。
車掌先生～
列車不會再開了，這是最後一班車。
最後一班車……再來什麼時候會發車？
不會再發車了，蒸汽火車號的服務已經結束了，因為發明那個的關係。
再見囉！
怎麼可以這樣!?
要怎麼回去呢？

Q&A…Q「星雲」是看起來像雲的天體，由大量的冰聚集而成，這是真的嗎？

※砰

※咚咚咚
要是我們回不去的話會很傷腦筋的。
沒人……
消失了!!
我們被拋棄在宇宙的盡頭了！
嗚嗚～
因為發明了「任意門」，所以不方便的蒸氣火車型太空船就被廢止了。
你們居然把我重要的紀念車票用掉了!!

Ⓐ假的。「星雲」是由許多微小的宇宙塵和氣體吸積而成，由於星星的光很難穿透星雲，因此看起來較暗。

第6章 恆星與銀河的神奇之處

什麼是恆星？

和太陽一樣會自行發光的星星稱為恆星，夜空中能夠看到的獵戶座和天蠍座等組成星座的星星，全都是恆星。

從人類的角度來看，夜空的恆星都是小點，但實際上每顆恆星都很大。只是因為它們存在於遠方，所以看起來像小點。就像飛機在空中飛行時，看起來很小一樣。

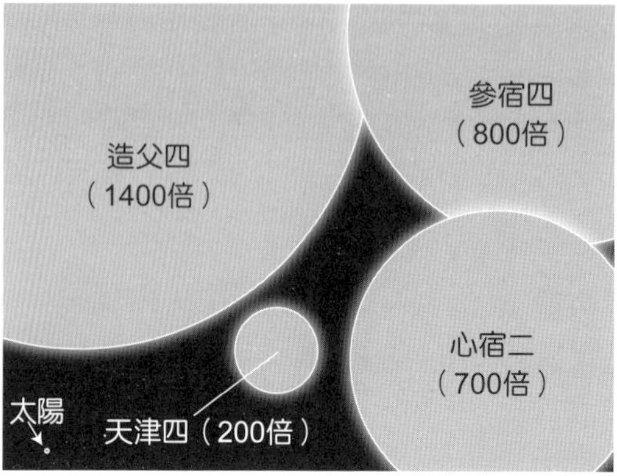

▲直徑較大的恆星範例

許多恆星比太陽大，例如夏季大三角天鵝座的天津四，大約為太陽直徑的兩百倍大。

不僅如此，冬季大三角的獵戶座的參宿四，大約為太陽直徑的八百倍大。仙王座的造父四約為太陽的一千四百倍大。

恆星的亮度與顏色

各位是否發現每顆星星的亮度都不大相同？星星的亮度以星等表示，例如一等星、二等星，數字越小，亮度越亮。每少一星等，亮度約亮二點五倍。

即使是相同亮度的星星，離地球較近的星星看起來較亮，因此相較於從地球上看到的「視星等」亮度，還有表示實際亮度的「絕對等級」。

星星也有顏色差異。舉例來說，天蠍座的心宿二為紅色，大犬座的天狼星為藍白色。

星星的顏色取決於表面溫度，溫度越高顏色越藍，溫度越低顏色越紅。星星顏色依表面溫度高至低為藍白色、白色、黃色、橙色、紅色。

事實上，光還分成能量高的光與能量低的光。藍光的能量很強，表面溫度高的星星發出大量藍光。記錄各種光的亮度照片，稱為星星的光譜。

透過天文觀測研究各種不一樣的星星，就會發現宇宙裡的星星亮度（絕對等級）和顏色（表面溫度）彼此相關。

▲星星的亮度

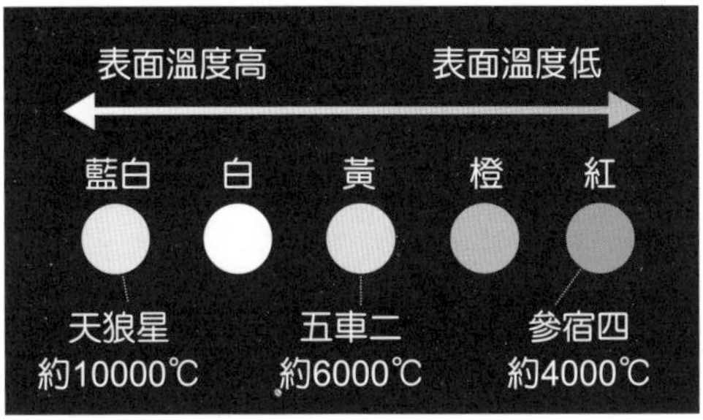

▲星星的顏色和表面溫度

請參考左方的赫羅圖（HR圖），圖中央有一條斜線，排列著許多星星，由此可看出越亮的星星溫度越高，越暗的星星溫度越低。這一列星星稱為主序星，太陽也是其中之一。

除了星星聚集的斜線之外，赫羅圖上還有紅巨星與白矮星，這些星星是如何形成的呢？

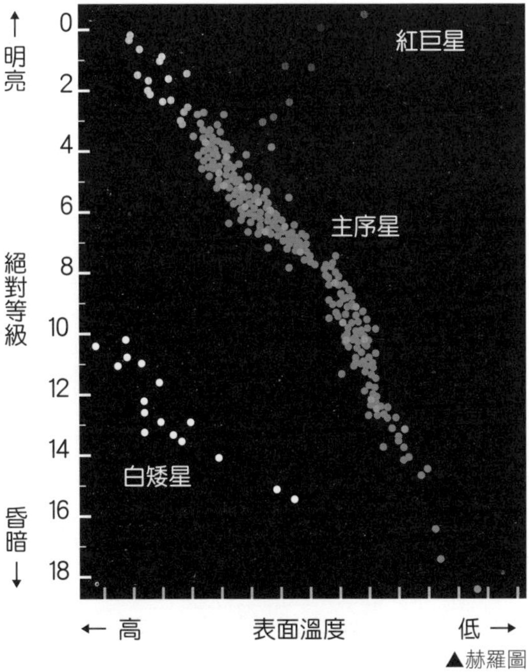

▲赫羅圖

恆星的一生

外太空飄浮著的星際物質包括氣體和宇宙塵，質量較大的受本身重力影響，可吸引周遭物質。當星際物質吸積，就會形成分子雲；分子雲吸積得緊密，就會變成圓形天體開始發熱。當溫度越來越高，最後就會引發「核融合反應」。反應產生的能量使天體開始發光，恆星誕生。

恆星燃燒自己含有的氫元素釋放光芒，以主序星之姿長時間的穩定釋放光芒。由於核心的氫含量有限，燃料燒盡後使得恆星不穩定而改為燃燒氦，並引燃外層的氫融合，使得恆星開始膨脹。一膨脹表面溫度就降低，變成紅色，此狀態稱為紅巨星。紅巨星明亮且溫度低，是位於赫羅圖（第一二一頁）右上方的星星。

質量較輕的紅巨星從外部開始崩落，不再發光，安靜的走完一生。接著，中心處還有餘熱，形成會發光的白矮星。白矮星昏暗且溫度高，是位於赫羅圖左下方的星星。

另一方面，質量較重的紅巨星會因無法承受自己本身的巨大重力，最後爆炸消滅，這個現象稱為超新星爆發。爆炸後，其核心可能會形成中子星或黑洞，其他殘骸則成為星際物質，孕育新的恆星。

參宿四是紅巨星的代表，若以後超新星爆發，可能會影響獵戶座的形狀。

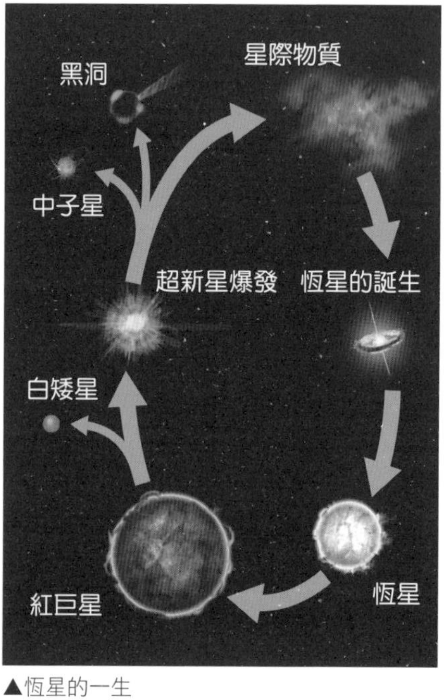

▲恆星的一生

什麼是黑洞？

黑洞是一個會吞食附近物質的天體，與發出美麗光芒的恆星不同，給人詭異幽暗的感覺。

黑洞的密度很大，是質量很重的天體。超新星爆炸形成黑洞，黑洞受本身質量影響，重力很強。舉個淺顯易懂的例子來說，和地球一樣重的物體，若密度與黑洞相同，可以凝縮至日幣一元硬幣的大小。由於這個緣故，周圍的所有物質會全部都被吸進黑洞裡。

話說回來，黑洞為什麼是漆黑一片？黑洞是恆星死亡後形成的天體，無法自行發光。被吸進黑洞的光，也會因為重力太強無法往外發散。

原因在於黑洞的重力會扭曲宇宙空間。各位不妨想像一下，有個物體放在網子上。又小又重的黑洞，就像在宇宙空間開了小洞，使空間扭曲。

因此，當光進入黑洞，光只能直線進入，被吸進黑洞裡出不來。人類是觀測到被吸入黑洞的最後一道光，才發現那裡有一個黑洞。

二〇一八年，人類第一次成功拍下黑洞周遭的照片。特別連接八架特殊望遠鏡，將電波傳送至眼睛看不見的空間，拍攝被吸入黑洞的氣體光線。

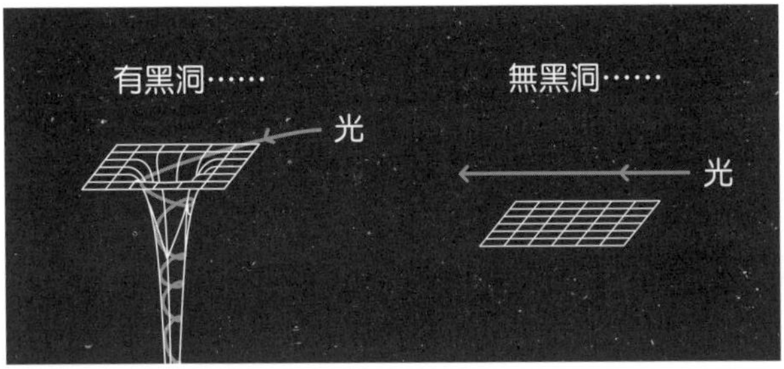

▲黑洞吸收光的機制

影像提供／ Event Horizon Telescope Collaboration/NASA

▲黑洞

光傳遞的速度

我們欣賞煙火時，會慢一點才聽見聲音，但早就看到煙火的光。光在宇宙中一秒可前進三十萬公里（地球七圈半）。但是我們與星星的距離遠比煙火還遠，所以當我們看見遙遠星星時，看到的光都是之前的，不是即時的。

以陽光來說，太陽和地球的距離約為一億五千萬公里，陽光照射至地球大約需八分鐘。也就是說，我們現在看到的陽光是八分鐘前的陽光。

那如果是距離地球更遠的參宿四呢？我們現在看到的星星其實是大約六百四十年前的模樣。花了好久才來到地球的光，真是如夢似幻。

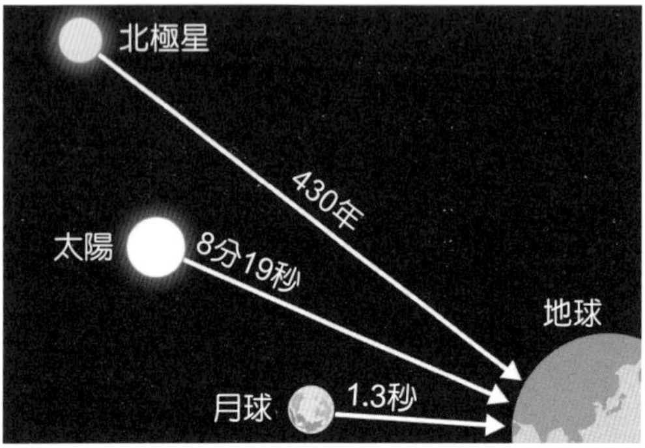

▲星光照射至地球的時間

宇宙越來越大

使用大型天文望遠鏡觀察遙遠的星系，可以發現我們看見的光，比星系發出的光偏紅色些，亦即朝波長較長處偏移。神奇的是，幾乎所有星系都是往遠離銀河的方向移動，代表宇宙正逐漸膨脹中。

這到底是怎麼一回事呢？為了能了解這一點，我們先來學習關於「波」的知識。

救護車經過我們身邊時，各位一定感受過警報聲的變化。當發出聲音的物體靠近我們，接著又遠離我們，聲音的傳播方式出現了變化。

這個現象稱為都卜勒效應（波的性質）。光和聲音都是波的一種，聲波

▲都卜勒效應

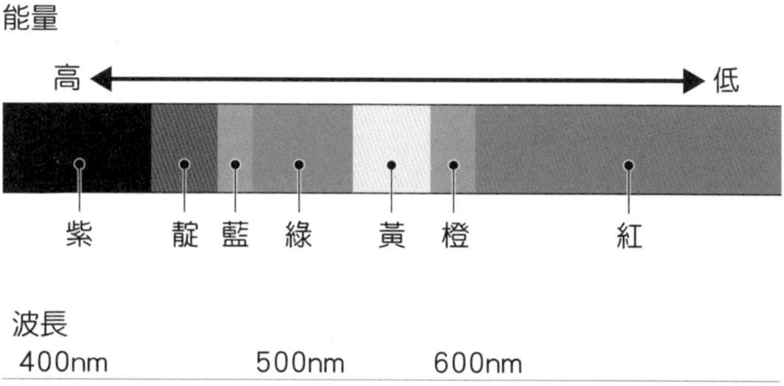

※1nm 是 1mm 的百萬分之一

▲波長與光的種類

的擴散就像石頭掉進水裡，會有水波從中心往外擴散一樣。而波與波的間隔稱為波長。

都卜勒效應讓靠近我們的聲音音調比實際還要高，遠離我們的聲音則音調越來越低，這是因為波長變長的緣故。各位請記住「波長變長代表發出聲音的物體越來越遠」。

都卜勒效應也能套用在「光」上。遠離的光波會往長波長的紅光偏移，看起來也會偏紅，這是光波的都卜勒效應，稱為紅移。

天文觀測透過測量紅移的大小，讓我們發現星系遠離銀河的事實，並察覺到當星系離銀河越遠，遠離的速度就越快。

學者正根據這個現象，研究宇宙正在以多快的速度擴張。另一方面，專家也利用其他方法，證實宇宙並非以相同速度擴張，而是從六十億年前加快擴張速度。這樣的話，宇宙會擴張到什麼程度呢？

暗物質與暗能量

宇宙還有許多我們不知道的物質和能量，稱為暗物質與暗能量。我們已知的物質只占宇宙的百分之五左右，宇宙的組成還是一個謎。

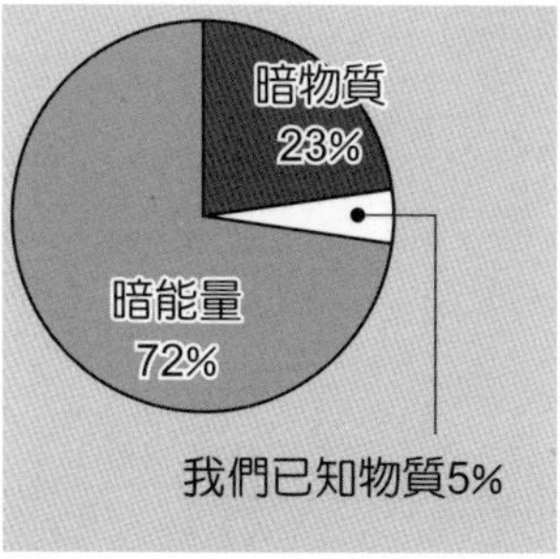

▲宇宙的組成

我們在宇宙的地址

在持續擴張的宇宙中，我們居住的地球位在哪個位置呢？讓我們來確定一下地球的地址吧！

地球受到太陽重力的影響，繞著太陽公轉。還有其他同樣受到太陽重力影響的行星。太陽以及圍繞著它公轉的行星，統稱為太陽系。太陽系包含在有著數千億顆恆星聚集的銀河星系之中。

大家應該都知道，銀河是織女與牛郎每年七夕見面時要渡過的河。距今約四百年前，伽利略・伽利萊以自己做的望遠鏡觀察銀河，發現夜空中閃耀的銀河原來是由許多的星星聚集而成。

接著來觀察銀河星系的模樣，看起來像是一個中間隆起的圓盤。銀河是由直徑十萬光年的圓盤（恆星集合體），以及圍住圓盤的銀暈（圍住圓盤的圓球形區域）組成。

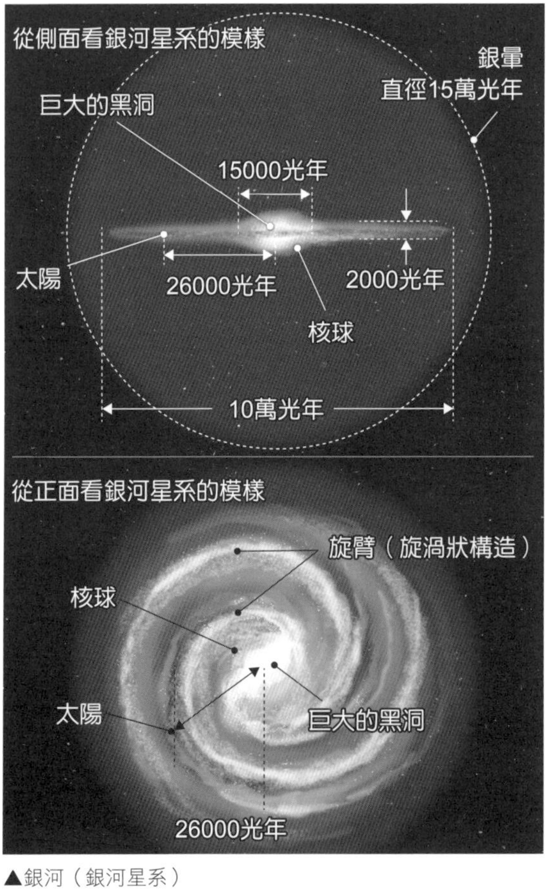

▲銀河（銀河星系）

圓盤的中心有核球，核球中心有一個巨大的黑洞。我們從地球上只能看到銀河的圓盤部分，尤其是核球側（夏天的銀河）有許多恆星聚集，看起來特別明亮。而距離銀河中心兩萬六千光年的地方，就是我們身處的太陽系的位置。

人類在距今一百年前，發現銀河外還有一個與銀河同樣由許多恆星構成的星系。那是包含銀河與附近的仙女座星系在內，大約五十個星系集合起來的本星系群。擁有更多星系的集團則稱為星系團。銀河星系雖然在室女座星系團的旁邊，但不是其中一分子。

目前可以觀測到的最大集團是由幾個銀河團組成的超星系團。宇宙有些地方聚集著許多超星系團，有些地方則什麼也沒有。宇宙的結構稱為「大尺度結構」。

最後，讓我們統整一下人類在宇宙中的地址，我們位在「室女座星系團旁的本星系群的銀河星系的太陽系中的地球」。宇宙是不是真的非常寬廣呢？

▲地球的位置

透過天文觀測掌握我們與星星的距離

當我們想知道自己與某物體的距離時，只要知道從兩點看的角度（視差）差異，就能算出這兩個點間的距離，以及到該物體的距離。可是，我們與星星的距離很遠，即使從地球上的兩點觀測，視差也還是太小，無法算出距離。

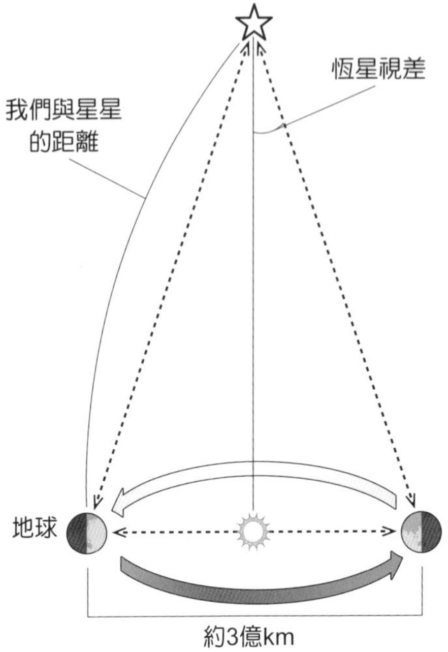

所以，利用地球繞著太陽公轉的現象，相隔半年進行觀測，如此就能從太陽兩邊觀測星星。兩點間的距離相當遠，約為三億公里。比起在地球上的兩點觀測，這個方法更加簡單。此時的視差稱為恆星視差，恆星視差越小，代表兩者間的距離越遠。利用這一點，可以求出我們與星星的距離。不過，無論怎麼觀測也不會超過三百光年。

因為超過這個距離的星星，我們測不出恆星視差。此時不妨利用赫羅圖（第一二一頁），比較星星的實際亮度與視星等，使用特殊的變星或是超新星爆發推算距離。此外，也可以利用紅移（第一二五頁）估算遠離速度，推測自己與星星的距離。

在天文觀測中，計算地球與天體的距離是最困難的事情。

夏威夷來了喔！

Q&A…Q 從地球看不見月球背面，這是真的嗎？

啊，是信。
寄給我的航空信件？
什麼嘛，原來是小夫寄的啊。
バサ
ドサ
※啪沙、咚沙
裡面有很多照片，我有種不祥的預感……
果然!!
「像我這麼常出國去玩的人，夏威夷對我來說不算什麼，
不過真的到了夏威夷之後，卻又覺得心曠神怡。
為了與你分享這份喜悅，所以我特地寄這些照片給你。
我猜你正過著哪裡都沒得去的悲慘暑假吧……」
要你多管閒事!!
不可以亂丟照片！

我們為什麼不去夏威夷玩呢？
暑假時，那裡不也是日本人擠成一堆嘛。
那不是假期的時候呢？
你得上學，爸爸也得上班啊。
到哪裡都好！總之出去玩吧!!
算了啦，不必刻意花那種錢還搞得那麼累。
有這種不喜歡旅行的雙親，我真是超不幸的啊……
我自己去夏威夷也行，借我「任意門」！
為什麼突然這樣說呢？
原來如此，所以你才想去國外旅行……
可是這樣很無聊吧，
要去國外旅行還是該搭飛機或是搭船渡海，才能享受到旅行的氣氛吧。
那你有沒有飛機或是船之類的東西？
我沒有。

Ⓐ真的。月球會在繞著地球公轉一周的過程中自轉一圈，因此看不見月球背面。

Q&A…Q 月球表面坑洞的形成原因是什麼？①火山爆發 ②隕石墜落 ③大地震

去找靜香好了。
進來坐吧！
大家正好都來了呢！
大家都來了!?
是大雄啊，最近天氣還真熱呢。
這個暑假開心嗎？我們今天是來分享之前度過暑假的方法呢。
總之你們都想欺負我。
好啦，有照片還是什麼的就都拿出來吧!!
那你先看我的天文照片吧。
天文照片？
難得有假期嘛，我每天晚上熬夜拍星辰和月亮。
喔——哪裡也沒去，好佩服你喔！

要是可以，其實我想去月球或是火星！
拜託，怎麼可能到得了啊！
可是這夢想不錯喔！
靜香你去了北海道啊。
我買了很有趣的東西喔。
這是什麼？
這是球藻，是阿寒湖裡的一種水藻。
球藻？
你居然帶這麼大的球藻回來，要長成這樣的大小可是要數十年的光陰啊！而且它不是已經列為天然保育物嗎？
我知道啊，這是仿造拿來賣的紀念品。
原來如此！
嚇了我一大跳呢。
我的可不是那種便宜紀念品，這可是在當地取得的實物喔！
什麼實物？
你在哪裡拿到的？
就在這裡！
在山口縣的秋芳洞。

Ⓐ②隕石墜落。月球表面的坑洞幾乎都是隕石墜落造成的隕石坑。

我扳了鐘乳石的尖端帶回來。
過分！你怎麼可以做這種事!!
我記得鐘乳石是被政府明令禁止開採的！
那可是由地下水中的微量碳酸鈣慢慢溶解、堆積，可能要經過幾百年、幾千年才能形成的耶！
對啊！搞不好是要數萬年之久呢!!
有那麼嚴重啊……我只是一時興起……
你還敢說！你完蛋了!!我要去叫警察抓你，等著被判死刑吧!!
你欠揍啊！大雄憑什麼這麼囂張!!
我玩得太過頭了……
沒關係，胖虎本來就不應該做這種事的。
可是……大家都過了很充實的暑假呢……

Q&A…Q 月球表面的暗處稱為什麼？①月山 ②月海 ③月陸

A ②月海。月球表面的暗處看似海洋，其實是岩漿噴出填平低地後凝固而成。

「歲月壓縮槍」。
這是用來讓原本需要經過長久歲月才能形成的現象，得以加速完成的道具。
那又怎樣呢!?
你沒得出去玩的確很可憐，所以我打算用這個帶你去夏威夷喔。
真的嗎？要怎麼去呢？
你先別急，等晚上再來弄。至於怎麼去，到時候你就知道了。
幹嘛賣關子嘛!!
你們好~請問哆啦A夢在家嗎？
怎麼了，這麼晚過來？
沒想到是你。
仔細想想，我犯了無法彌補的錯……能幫我復原嗎？
好，既然你知道錯了，我來幫你。
正好把「歲月壓縮槍」拿來試用看看！

Q&A…Q 月球表面有些地方完全照不到太陽，這是真的嗎？

喔——這裡就是秋芳洞啊！
到處都是鐘乳石和石筍呢……
我扳下來的地方是在……
就是這裡。
ポタ…
鐘乳石是由地下水中的微量碳酸鈣點滴形成的，
像這樣的規模要花上許久時間才能形成。
不過用「歲月壓縮槍」照射後……
ポタ
ポタ
原本需要幾百年才能形成的現象，可以一下子就完成。
復原完成，比之前還稍微大一點呢。

※滴答

※滴答、滴答、唰

謝謝你們，我的心情輕鬆多了！
好厲害喔，我也想用看看。
你要用在哪裡？
北海道的阿寒湖啊。
我要把小小的球藻弄大一點！
你弄太大了啦!!
引起騷動就不好了，用「逆光線」把球藻恢復原狀吧！
對了，要怎麼去夏威夷？
我們先到海邊去！

Ⓐ真的。月球北極和南極附近的某些隕石坑底部，完全照射不到太陽，稱為「永久陰影區」。

※嘩
這片海正好面向夏威夷的方向。
ザ・ザァ・・・
方向應該是那邊。
※咻
チュン
然後呢？
……
※嘩
ザザザァ・・・
好了，現在很快就會到夏威夷了。
別鬧了！怎麼可能划這種小船去呢？
因為夏威夷靠過來了，
應該已經到了這附近才對。
地球的表面由許多大陸板塊覆蓋著，
夏威夷群島所屬的太平洋板塊，每一年正以數公分的速度往東移動著。
所以，在壓縮經年累月的時光後，夏威夷就會離日本很近了……

Q&A…Q 月球完全沒有水，這是真的嗎？

※划、划

在黎明前，這個無人的海灘就像被我包下來一樣。
パチャ……
ポチャ……
啊，是小夫耶！
嗨！夏威夷之旅好玩嗎？
我們？是從日本划船來的啊……
這…這…這……
怎…怎麼可能啊!!
按下「還原鈕」就能恢復原狀了。
所以用在那個上也行囉？借我一下。
？
我聽說過月球的軌道會漸漸的離地球越來越近……

Ⓐ假的。根據詳細的觀測資料，證實月球有水。可在地底或月球南極附近隕石坑的陰影處發現水。

第7章 拍攝天體照片

用智慧型手機拍攝月亮

月亮有眉月、弦月和滿月，每天都在改變形狀，可以拍出各種不同的模樣。此外，月亮是很明亮的天體，用智慧型手機就能夠拍攝。

不過，若直接用智慧型手機的相機拍攝，會連黑暗的夜空也拍進去，反而使月亮曝光過度。有些智慧型手機的機種可以調整相機的曝光值，若使用專門拍攝月亮的手機應用程式，就能拍出完美的月亮。有些手機應用程式可以免費試用，不妨和家人一起嘗試。

▲用智慧型手機大概只能拍攝出這樣的月亮。

以下是需付費的「拍月相機」手機應用程式：

▲拍月相機

iOS

Android

● 月亮的拍攝方法

① 仔細確認四周景物，確定拍攝範圍內沒有障礙物或路燈等光害。

② 拿起智慧型手機對準夜空中的月亮。

③ 打開手機應用程式，點選黃色圓

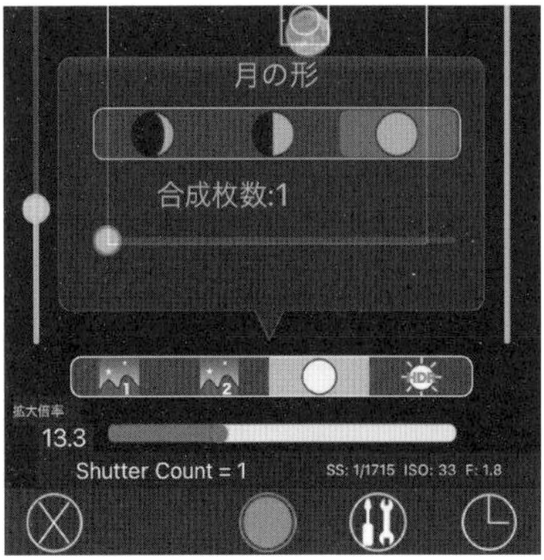

▲選擇與天上月亮形狀相近的圖示

形，再點選與天上月亮形狀相近的月亮圖示。

④點選螢幕上的月亮，將方形攝影框對準月亮。

⑤對焦在月亮上，按下拍攝鍵。

⑥多拍幾次，直到拍出完美照片為止。

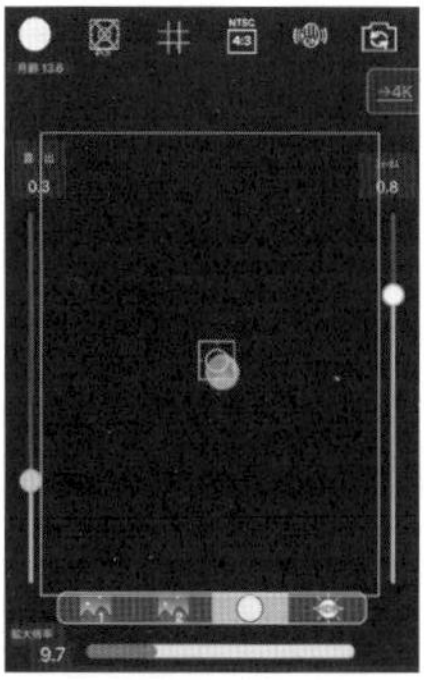

▲將攝影框對準月亮

▲實際拍出的月亮

拍出好照片的祕訣

包括智慧型手機在內，相機透過打開快門記錄曝光值。在快門打開的期間移動相機，就會出現「手震」現象，拍出來的照片會很模糊。為了避免手震問題，請各位注意以下事項：

①雙腳打開，與肩同寬。收緊腋下，雙手拿穩相機。

②如果有穩固的牆面，拍攝時可以靠著牆壁。

③按快門時屏住呼吸，不要移動身體。

●三腳架

三腳架是拍出漂亮的天體照片最好用的工具。三角支架可以徹底固定相機，有效預防手震。三腳架的支架是伸縮式，可以調整到與自己眼睛相同高度，更方便操作相機。使用智慧型手機時，請用手機專用夾搭配三腳架固定。

此外，按下快門（拍攝鍵）時千萬不要觸碰或移動三腳架。

▲三腳架

影像提供／Ashley Pomeroy via Wikimedia Commons

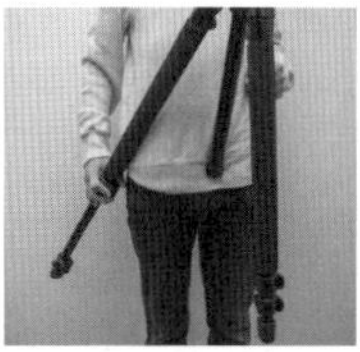

①拉出腳架，調整高度。

②固定相機，調整角度。

▲智慧型手機專用夾

●燈光

在暗處看到燈光會刺激眼睛，導致看不清楚夜空。建議用紅色玻璃紙或以紅色油性簽字筆塗滿食品用保鮮膜，包覆在燈具上。

使用星空應用程式

和月亮比起來，星星較小又較暗，很難找到自己想拍的星星。

此時不妨使用星空應用程式，在此介紹免費的網頁程式「SORA」，可以用來對照實際的星空學習星座。

請掃左側的QR Code，透過平板電腦或智慧型手機內建的定位功能，就能顯示出螢幕所對著的星空。

不僅如此，SORA會記錄月球、金星、木星的衛星等天文觀測結果，利用數位工作表學習，很適合當成暑假作業的自由研究主題。

挑戰星空攝影

接下來要挑戰星空攝影。天氣很好、看不見月亮的暗夜最適合拍照。皎潔的月亮、建築物或廣告招牌的燈光、街燈等光害，會影響星空攝影。此時不妨拍攝沒有光害的另一邊星空。

此外，慎選拍攝地點，不要有樹枝等障礙物遮住天空。在地勢（或海拔高度）較高、沒有障礙物的地方，可以拍到各個方位的星空。

在陰暗處拍照不容易看清楚四周或腳邊環境，務必攜帶手電筒照射四周，注意安全。此外，一定要有大人陪同，未成年的孩子不可以獨自外出拍照。

建議使用搭配三腳架的智慧型手機和拍攝星空的應用程式，在此介紹「StarryCamera Pro2」。

▲StrarryCamera Pro2

iOS

●星空照的拍攝法

①仔細確認周遭沒有障礙物遮住拍攝範圍。

②用三角架固定智慧型手機，對準想要拍攝的方向。

③打開「StarryCamera Pro2」應用程式，在 MODE 模式按鈕下方點選「Starry sky」。

④點選快門。

⑤待「三、二、一」倒數結束後，開始拍照。

⑥手機螢幕出現星星後，點選快門，完成拍照。

⑦點選「SAVE」，儲存相片。

⑧可以多拍幾次，直到拍出完美的照片為止。

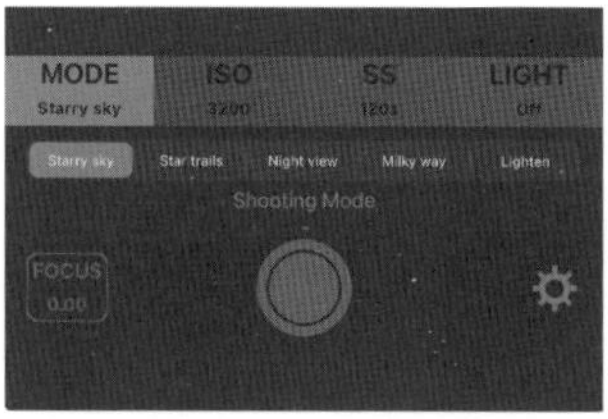

▲點選應用程式的「Starry sky」

▲實際拍出的獵戶座

●拍攝星空軌跡的方法

「StarryCamera Pro2」也能夠拍攝星星移動的軌跡，拍出漂亮的星光線條。打開快門拍攝五分鐘，就能拍出星星的移動軌跡。

①點選應用程式 MODE 模式下方的「Star trails」功能。

②點選快門，維持不動持續拍攝五分鐘。

③手機螢幕會出現星星移動的軌跡。

④五分鐘過後，點選螢幕中的「SAVE」，儲存照片。

市面上還有其他應用程式可以選擇，不妨和家人一起嘗試，找出最適合自己的應用程式。

▲點選應用程式的「Star trails」

▲實際拍了 5 分鐘的獵戶座

用「單眼相機」拍月亮

相機分成可更換鏡頭的「單眼相機」，以及外型小巧的數位相機。各位手邊如果有這類相機，就能拍出更精緻的照片，不妨和家人試試看。接下來為各位介紹如何用搭載望遠鏡頭的「單眼相機」拍攝天體。

夜間攝影最需要注意的是避免鏡頭結露（沾附細微水滴）或起霧。可利用加熱方式解決此問題，市面上有專門加熱鏡頭的加熱帶等商品，請務必事先準備。

相機的自動對焦（AF）功能會自動配合情景調整鏡頭焦距，拍出清晰照片。但夜空很暗，無法使用此功能，建議使用自行調整焦距的手動對焦（MF）模式。通常調整方式是透過鏡頭旁的切換桿。

▲單眼相機

▲小型數位相機

影像來源 / Multicherry（左）、Basile Morin, via Wikimedia Commons（右）

將對焦模式切換至手動對焦，眼睛看著相機螢幕或是觀景窗，同時轉動鏡頭的對焦環，調整至最適當的焦距。此外，相機還可以透過調整快門速度、調節光線量的鏡頭光圈（F值），以及攝影感光度（ISO）等，設定曝光度，不過這些功能在暗處無法發揮功效。

建議將旋鈕轉至可以自行設定的「手動模式」，接著按照下方表格設定，就能拍出最佳照片。設定方式請參考相機的使用說明書，或是問家人，請家人幫忙。

請依據第一四一頁介紹過的方法避免拍攝時的手震現象，才能拍出漂亮的照片。使用三腳架時，若是有遙控器就

▲將鏡頭上的切換桿切換成 MF

月亮形狀	ISO 感光度	光圈	快門速度
滿月	400	F8	1/800
弦月	800	F6.3	1/400
眉月	1600	F6.3	1/400

能在不碰觸到相機的狀況下按快門，十分方便。

另一方面，月亮形狀也會讓拍出來的表面不大相同。滿月時陽光照射著月球正面，難以看出凹凸表面。弦月時比較可以明顯看出隕石坑的陰影等地形變化。

▲弦月和眉月可以清楚看出凹凸表面

影像來源／Sindugab via Wikimedia Commons

挑戰拍攝流星群影片

流星雨是指每年在特定時期可以看見許多流星劃過天邊的情景。接著就來挑戰拍攝流星雨影片吧！由於流星稍縱即逝，要拍到出現的瞬間相當困難，如果是影片就很容易捕捉。還可用三腳架固定智慧型手機拍攝，各位不妨試試。

影片與照片不同，檔案容量較大，拍攝前請確定智慧型手機的儲存容量是否足夠。此外，拍攝影片的用電量也較大，拍攝前要記得充電。

第一步先確認流星雨最大值的發生時間，各位可以在第一六〇頁查詢相關資訊。只要天氣晴朗，沒有月亮的夜晚，就能清楚看見流星，很適合拍攝影片。

將智慧型手機的鏡頭對準流星雨出現的方向，接著打開內建的相機，準備拍攝影片。

一直盯著手機螢幕看的話很容易眩目，看不清楚星空。建議可以將螢幕亮度調至最低，而且不要一直盯著螢幕看。

影像來源／TreeLab Oleg Kuchurivsky via Wikimedia Commons

▲銀河與英仙座流星雨

請務必確認拍攝環境安全無虞，而且要有家長陪伴。此外，本章介紹的應用程式資訊和操作方法皆為執筆時的資料，之後可能有所變動。此外，購買應用程式以及網路流量費用皆由使用者負擔，請務必注意這一點。

流星誘導傘

有流星!!
呃……
那……
那個……
我想要……
已經消失了……
又有流星了！
我想要……
哇啊！又消失了……
?
從剛剛開始你就一直在做什麼啊？
我在向流星許願啊！
只要在流星消失之前許下願望，願望就會實現。
可是，流星一下子就消失不見了……
我都還來不及說完「我想要一個新的遊戲軟體」……
噗！

有那麼好笑嗎？
大家都拿到新的遊戲軟體了，還互相交換玩來玩去……
媽媽絕對不會買給我的，而且我的零用錢也不夠買……
所以只能拜託流星了啊！
沒想到，你竟然嘲笑我……
對不起啦！我道歉。
我會替你想辦法的。
有了!!
那就叫流星到你身邊來，讓你慢慢許願好了。
叫流星到身邊來!?
你以為流星是什麼？
流星是存在於宇宙間，連名字都沒有的小小星球，受地球重力吸引而掉落下來。
由於它以極快的速度墜下，與空氣摩擦，才會形成火球……
這就是所謂的流星。

Q&A…Q 地球每一天會遇到多少流星墜落？①約一公斤 ②約一噸 ③約一千噸

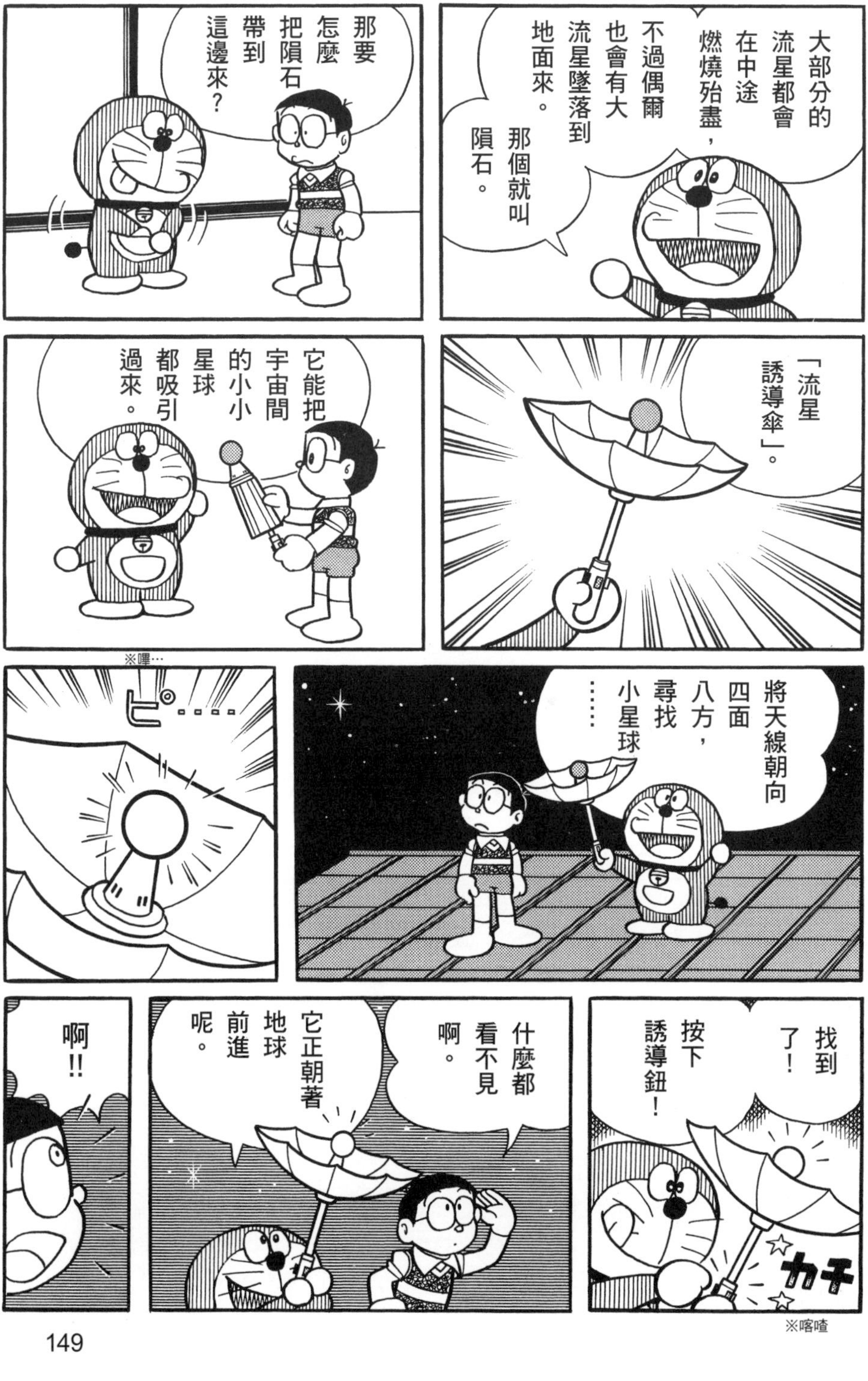
大部分的流星都會在中途燃燒殆盡，
不過偶爾也會有大流星墜落到地面來。
那個就叫隕石。
那要怎麼把隕石帶到這邊來？
「流星誘導傘」。
它能把宇宙間的小小星球都吸引過來。
將天線朝向四面八方，尋找小星球……
ピ。....
※嗶…
找到了！
按下誘導鈕！
カチ
※喀噠
什麼都看不見啊。
它正朝著地球前進呢。
啊!!

Ⓐ②約一噸。整個地球每五百平方公里，每天每小時都有千分之一克的一顆宇宙塵墜落，總計下來一整天的量約為一噸。

來了!!
※啪
抓到了!!
咦?
咦?
咦?
奇怪?
好像太小，所以半路燒光了。
搞什麼嘛……
讓我試試看。
我一定要抓一顆大一點的流星。
※嗶嗶
太大了啦!! 趕快按取消鈕!!
怎、怎麼辦!?
カチ
※轟、喀嗒

Q&A…Q 含有石墨的隕石墜落時，會形成以下哪樣物品？①鑽石 ②金 ③鹽

Ⓐ ①鑽石。大隕石墜落的地方，受到高熱與高壓影響，可形成鑽石。

※呼
幸好走了。
ホッ
得小心點，有些學者說恐龍之所以會滅絕，就是因為巨大隕石墜落的關係呢。
很晚了，我先睡囉。
別感冒了喔。
差不多大小就好，
差不多大小就好……
※嗶嗶嗶嗶
ピ.ピ.ピ.ピ
來了!!
※啪
パ
哆啦A夢~我抓到流星囉。
那你就慢慢許願吧……嗯啊……
太好了。
好美的流星啊。
這可是來自遙遠的宇宙呢……

※拍、拍
流星大人，拜託你。
我想要新的電子遊戲軟體。
パン
パン
咦？
救命……
救命……
幹嘛啦？我很睏耶。
這是「求救膠囊」!!
那是什麼？
比方說，如果在地球上遇到沉船事件的話……
可能就會有人將求救信……
裝進空罐裡隨水漂走。
同樣的道理……

Q&A…Q 日本有幾間天文館？①約一百間 ②約兩百間 ③約四百間

當火箭迫降無人星球……
連通訊機也故障，無法和自己星球取得連絡的時候，
太空人就會撒下這種膠囊。
膠囊會隨著超時空跳躍，
飄流在無止盡的宇宙空間中。
直到遇見撿到它的人為止……
那撒下這顆膠囊的人不就正在宇宙的某個角落……
沒錯！大概在等著別人救援吧。
立刻拿出「宇宙救生艇」。
將「求救膠囊」放進探測機裡面。
發動!!

Ⓐ③約四百間。全世界約有三千五百間天文館，日本是繼美國之後，天文館第二多的國家。

Q&A…Q 日本有幾個都道府縣沒有天文館？①零 ②二 ③五

謝謝你們！我還以為我沒救了呢。
平安無事真是太好了。
我去打電話給你的星球，請他們派火箭過來接你。
哇啊！他們來接我了！
再見!!
要保重喔！
等一下。
？
這是我待在這個星球孤獨無依的時候陪伴我的遊戲機。我要把它送給你們。
跟流星許的願望真的會實現耶。

Ⓐ①零。日本所有都道府縣都有天文館，各位有空去日本的天文館走走吧！

這可是立體實感電子遊戲喔。
把可以抓到膠囊的傘借我們！
好是好啊！但「求救膠囊」很少掉下來喔。
流星群會從獅子座的方位落下來。
多收集一點，一定會發現膠囊的……
嗚哇好痛、好痛啊!!
停止啊!!

※匡、匡、嘎

全球最大望遠鏡之一——昴星團望遠鏡

我們常見的望遠鏡是方便攜帶的款式。不過，若是要觀測遙遠的星星或天體細部，就必須要使用大型望遠鏡。

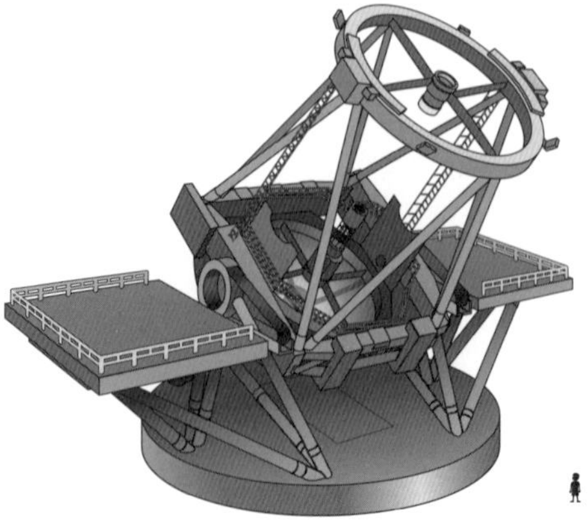

其中之一是位於美國夏威夷的日本國立天文台「昴星團望遠鏡」，鏡片的有效口徑（直徑）達八點二公尺。透過這台設備，獲得了許多珍貴的天文數據。

天文台在做什麼？

在研究天文學。

一般人很難實際前往天體進行各種研究觀測，因此，必須觀察來自宇宙的光，從中找到相關資訊，這就是「天文觀測」的重要性。

為了觀測遙遠的天體和眼睛看不見的光，研究機構與大學的天文台使用的是可接收紅外線、電波的各式望遠鏡，進行天文觀測。

日本各地都有天文台，既有專門從事研究的天文台，也有一般人可以參觀的公眾天文台。如果有興趣前往，請參照下一頁介紹的日本主要公眾天文台。

到日本公眾天文台走走

- 北海道：名寄市「北昂」天文台
- 北海道：陸別宇宙地球科學館
- 岩手縣：Hironomakiba 天文台
- 宮城縣：仙台市天文台
- 福島縣：星之村天文台
- 櫪木縣：櫪木縣兒童綜合科學館
- 群馬縣：群馬縣立群馬天文台
- 埼玉縣：堂平天文台
- 東京都：日本國立天文台三鷹 Campus
- 神奈川縣：川崎宇宙與綠色科學館
- 新潟縣：上越清里星之故鄉館
- 石川縣：石川縣柳田星之觀察館「滿天星」
- 長野縣：Usuda Star Dome
- 岐阜縣：生涯學習中心 Heart Pia 安八
- 靜岡縣：DISCOVERY PARK 燒津天文科學館
- 靜岡縣：濱松科學館
- 愛知縣：東榮町森林體驗交流中心
- 滋賀縣：Dynic Astro Park 天究館
- 京都府：京都大學花山天文台
- 京都府：綾部市天文館 PAO
- 大阪府：枚方市野外活動中心
- 兵庫縣：西 HARIMA 天文台
- 兵庫縣：姬路市宿泊型兒童館「星之子館」
- 和歌山縣：紀美野町立 Misato 天文台
- 鳥取縣：鳥取市佐治天文台
- 島根縣：島根縣立三瓶自然館 SAHIMEL
- 岡山縣：美星天文台
- 廣島縣：吳市蒲刈天文觀測館
- 山口縣：山口縣山口博物館
- 德島縣：阿南市科學中心
- 愛媛縣：久萬高原天文觀測館
- 福岡縣：星之文化館
- 熊本縣：南阿蘇月神天文台
- 熊本縣：清和高原天文台
- 宮崎縣：Tachibana 天文台
- 沖繩縣：石垣島天文台（日本國立天文台）

到日本天文館了解星星

日本全國有超過三百五十間天文館，除了本章介紹的之外，不妨找找你家附近是不是也有！

●日本的主要天文館

・北海道：札幌市青少年科學館
・北海道：旭川市科學館 Scipal
・北海道：釧路市兒童遊學館
・青森縣：青森市中央市民中心
・岩手縣：盛岡市兒童科學館
・宮城縣：仙台市天文台
・秋田縣：秋田故鄉村星空探險館 SPACEIA
・山形縣：米澤市兒童會館
・福島縣：福島市孕育兒童之夢設施 Com-Com 館
・福島縣：郡山市 Fureai Science Space Park
・茨城縣：筑波博覽中心
・茨城縣：日立市民中心科學館
・櫪木縣：櫪木縣兒童綜合科學館
・群馬縣：向井千秋紀念兒童科學館
・群馬縣：高崎市少年科學館
・埼玉縣：川口市立科學館
・埼玉縣：埼玉市宇宙劇場
・千葉縣：千葉市科學館
・千葉縣：白井市文化中心天文館
・東京都：多摩六都科學館
・東京都：葛飾區鄉土與天文博物館
・東京都：柯尼卡美能達天文館天空
・神奈川縣：相模原市立博物館
・神奈川縣：川崎宇宙與綠色科學館
・神奈川縣：藤澤市湘南台文化中心兒童館
・新潟縣：新潟縣立自然科學館
・富山縣：富山市科學博物館
・石川縣：SCIENCE HILLS 小松人與創造科學館
・石川縣：銀河之里 Kigo 山
・福井縣：福井市自然史博物館世聯 Planet
・山梨縣：山梨縣立科學館
・長野縣：佐久市兒童未來館
・長野縣：長野市立博物館
・岐阜縣：岐阜市科學館
・靜岡縣：DISCOVERY PARK 燒津天文科學館

- 靜岡縣：濱松科學館
- 愛知縣：名古屋市科學館
- 愛知縣：半田空之科學館
- 愛知縣：豐田科學體驗館
- 三重縣：四日市市立博物館
- 三重縣：岡三 Digital Dome Theater 神樂洞夢
- 滋賀縣：大津市科學館
- 京都府：文化 PARC 城陽
- 京都府：京都市青少年科學中心
- 大阪府：大阪市立科學館
- 大阪府：蘇菲亞・堺天文館
- 兵庫縣：明石市立天文科學館
- 兵庫縣：姬路科學館
- 和歌山縣：和歌山市立兒童科學館
- 鳥取縣：米子市兒童文化中心
- 島根縣：島根縣立三瓶自然館 SAHIMEL
- 岡山縣：岡山天文博物館
- 岡山縣：Life Park 倉敷科學中心
- 廣島縣：5-Days 兒童文化科學館
- 山口縣：山口縣兒童中心

- 德島縣：Asutamu Land 德島
- 香川縣：讚岐兒童之國
- 愛媛縣：愛媛縣綜合科學博物館
- 高知縣：高知未來科學館
- 福岡縣：福岡市科學館
- 福岡縣：Space LABO 北九州市科學館
- 福岡縣：宗像 Yurix Planetarium
- 佐賀縣：佐賀縣立宇宙科學館
- 長崎縣：長崎市科學館
- 熊本縣：熊本博物館
- 大分縣：大分縣九重青少年之家
- 宮崎縣：宮崎科學科技館
- 鹿兒島縣：鹿兒島市立科學館
- 鹿兒島縣：鹿兒島縣立博物館
- 沖繩縣：牧志站前星空公民館

一起去看流星吧！

各位看過流星嗎？流星其實是飄散於外太空直徑只有數毫米的塵粒，當塵粒飛進地球大氣後會激烈碰撞，就會產生高溫，變成氣體並發光。此時周遭空氣也跟著發燙、發光，這就是流星。

此外，每年在固定時間出現大量流星的天文現象，稱為流星雨。

我們之所以看見流星雨，和宇宙中由冰粒與塵粒組成的「彗星」息息相關。當彗星的冰熔化，宇宙就會布滿塵粒。由於彗星行經的軌道是固定的，當地球通過相同軌道，大量塵粒就會飛進地球大氣，形成了流星雨。

▲流星示意圖（插畫）

●何時有流星雨？

許多流星雨都是在每年固定時間出現，其中可以看到最多流星的是「象限儀座流星雨」、「英仙座流星雨」和「雙子座流星雨」，被稱為「三大流星雨」。不過，每年可以看到的流星數量不同。其他還有許多其他的流星雨，只要條件適合就可以觀測到。

請找一個黑暗、光害少且安全的地方，用自己的雙眼觀察。不看車燈和街燈，讓自己的雙眼適應黑暗的環境，盡可能避開地面上的亮光。唯有如此才能看到最多流星。

流星雨	出現時間	極大期	極大期的流星數（每1小時）
象限儀座流星雨	12月28日～1月12日	1月4日左右	30
英仙座流星雨	7月17日～8月24日	8月13日左右	60
雙子座流星雨	12月4日～12月17日	12月14日左右	70

專欄

看見宇宙的各種「眼」！

人類使用各種望遠鏡觀測外太空，包括南非智利的阿塔卡瑪大型無線電波望遠鏡毫米及次毫米陣列、夏威夷的昴星團望遠鏡等，它們不僅大小和規模不同，觀測的對象也不一樣。各位知道為什麼嗎？

光與電波都是電磁波的一種

宇宙所有物體都會發射「電磁波」。

「光」是「電磁波」的一種，在夜空閃耀的星星會發射「可見光」電磁波。不僅如此，也會發出眼睛看不見的「紅外線」、「紫外線」。此外，人類的眼睛也看不見黑洞，但因為黑洞周圍會發出強烈的X射線，可以由此確定黑洞是確實存在的天體。

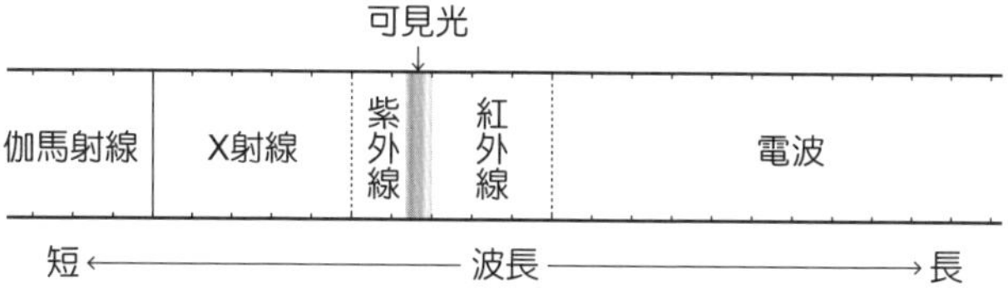

行動電話和電視使用的「電波」也能用來觀測天體，這是觀察宇宙的強力手段之一。

透過各種電磁波觀察宇宙

想要觀測星星與星系，可以透過天體發出的可見光（各種電磁波中眼睛看得到的光），但外太空有許多天體和現象，必須使用其他的電磁波才能看到。

為了彌補這一點，人類運用各式望遠鏡替代人類的「眼睛」，觀測各種電磁波，包括眼睛看不見的不可見光，藉此解開太空之謎。

▲電波天文台

私人衛星

啊～～有幽浮！
昨天晚上看到的。
從東向西飛過，
一定是幽浮沒錯。
大雄，你沒看早上的報紙嗎？
那是俄羅斯的人造衛星墜落。
電視新聞也有報導啊。
原來如此……
笨蛋～!!

他們說得沒錯。
其實常常有人造衛星掉下來喔，
現在光是有紀錄的，就有四千多顆在太空。
這麼多？
人造衛星的種類很多啊，有地球觀測衛星、通信衛星、導航衛星、軍事用的間諜衛星、攻擊衛星……
據說肉眼能看到的就有二十個。
在我住的那個時代甚至有幾百萬個。
幾百萬個!?
那天空不就被遮得黑漆漆的？
不會啊，因為衛星變小了。
我們成功開發了極超大規模積體電路。
這是偵查衛星，
這是回音衛星，
氣象衛星，
核彈發射衛星。
來發射一個試試看！

Q&A…Q 金星的一天相當於地球的幾天？①四十三天 ②一百四十三天 ③兩百四十三天

Ⓐ ③兩百四十三天。金星的一天（自轉週期）比金星繞行太陽一周的時間（公轉週期：相當於地球的兩百二十五天）還長。

把衛星裝在火箭上……
5、4、3、2、1！
發射！
衛星會沿著軌道環繞地球。
停止了。
從衛星傳送影像。
不論雲多厚，都可以穿透過去看到地面。
啊！是我們鎮上！
也可以擴大想看的區域。

我們家屋頂，
透視看看。
耶，看到我們了。
好好玩，再到處看看。
是胖虎跟小夫，
他們在說什麼？
發射回音衛星偷聽。
它可以捕捉現場的聲音，也就是空氣振動，
轉換成電波回傳。
相反的，也可以傳送我們的聲音。
你聽，有聲音了。
講到大雄……
那個笨蛋，
真不是普通的笨，是笨蛋中的大笨蛋……

Q&A…Q 以下哪顆行星放進水裡會浮起來？①木星 ②土星 ③天王星 ④海王星

Ⓐ②土星。土星幾乎全是由氫氣組成，一立方公分的重量比水還輕零點七公克，因此可浮在水面上。

你們說誰笨蛋！
馬屁小老鼠跟音痴大猩猩！
?
?
?
可惡！是大雄的聲音！
被發現了。
看別的地方。
對了，靜香在幹嘛？
在看漫畫。
好像很有趣。
靜香你的頭擋到了，偏過去一點。
這頁我看完了，快翻下頁。
鬼啊！
哈哈哈。

真傷腦筋。
媽媽在院子裡有麻煩。
看看她有什麼問題。
本來想晒衣服，
結果突然下大雨。
好，發射氣象衛星。
?
氣象衛星不是用來作氣象預告的嗎？
這個不一樣，
可以任意選擇在任何場所變換天氣。
把我們家的院子變晴天。
按下
太好了！放晴了。
好有趣，
接下來下雪吧。

Q&A…Q 以前火星有海洋，這是真的嗎？

衣服還沒晒乾呢。
我是要下在空地。
按下！
下雪了，
小孩們都好興奮。
我要去堆雪人。
等一下！
你忘了剛剛惹胖虎他們生氣啊。
對喔！我一定會被毒打一頓的，
哆啦A夢快想想辦法。
只好發射核彈衛星了。
炸彈嗎？

Ⓐ真的。無論是透過火星地形的觀測，或利用登陸的探測器進行調查，都發現到過去（約四十億年前）有海洋的證據。

不，它是發射塑膠子彈。因為有稜有角，所以被打到會很痛。
目標鎖定胖虎他們。
隨時隨地只要按下按鈕，就能命中目標。
放心去玩吧。
哆啦A夢真是可靠。
你剛剛居然……
來了。
按下
※咻～
?
※擊中
好痛！
什麼東西啊？
扁他！
按下!!

Q&A…Q 哪個行星的衛星數最多？①木星 ②土星 ③天王星 ④海王星

※砰砰
好怪！快逃啊！
不過很可惜，四顆衛星都在當晚墜落了。
哈哈哈，昨天那個不是幽浮，是衛星。
新聞沒有報導啊。
是哪個國家的什麼衛星啊。
笨蛋就只會有樣學樣。

Ⓐ②土星。根據二〇二五年四月的資料，已發現274顆土星的衛星。木星有95顆，天王星有28顆，海王星有16顆。

外星人的家？

白天沒有半個人影，
但是一到晚上，
窗戶露出燈光，還傳來恐怖的聲音……
我也有看到，
上次還看到怪獸的影子。
我還看過飛碟降落在那間房子呢！
真的喔!!
會不會是外星人的祕密基地？
沒有其他可能了。

哈哈哈！你們電視看太多。
用常理來判斷，也知道不可能是外星人……
你沒看過，所以才會這麼說。
既然如此，我們來打賭。
輸的要被打十拳。
好啊，賭一百拳我也不怕。
何必為了這種事打賭。
不要阻止我，這是男人的尊嚴。
只要到那房子裡看看就會知道了。
哆啦A夢！
噓！
現在正在緊要關頭。
カタ
カタ
カタ

※喀噠、喀噠

Q&A…Q 日本的「隼鳥號」和「隼鳥二號」去哪裡探測後回來？①月球 ②火星 ③小行星

Ⓐ ③小行星。降落在比行星還小許多的小行星上，採集石頭後返回地球。

※喀噠、喀噠
カタ
カタ
這是哪裡的照片？
這是從天花板裡傳來的電波。
※吁～
家裡沒老鼠，
太好了……
ホッ
召回「無人探測機」吧。
把它送到人無法直接通行的地方，
它就能進行拍照或從事各種調查。
就是這個！

※咕、咕

那棟山丘上的房子？
什麼外星人的家嘛，
根本就不可能。
拍照片當證據，
修理小夫跟胖虎。
可是……不要靠得太近吧……
保持隨時可以逃跑的距離。
說得也是。

Q&A…Q 現在離地球最遠的探測器有多遠？①約一百四十億公里 ②約兩百四十億公里 ③約三百四十億公里

Ⓐ②約兩百四十億公里。根據二〇二三年十一月的資料，「航海家一號」太空探測器距離地球約兩百四十億公里。

讓探測機從那裡進去。
※升空
スゥ
降落在二樓了。
開始拍照。
※喀噠、喀噠
カタカタ
只是一般的房間，沒什麼奇怪的。
我就知道。
為了慎重起見，順便看看一樓吧？
還是調查一下好了。

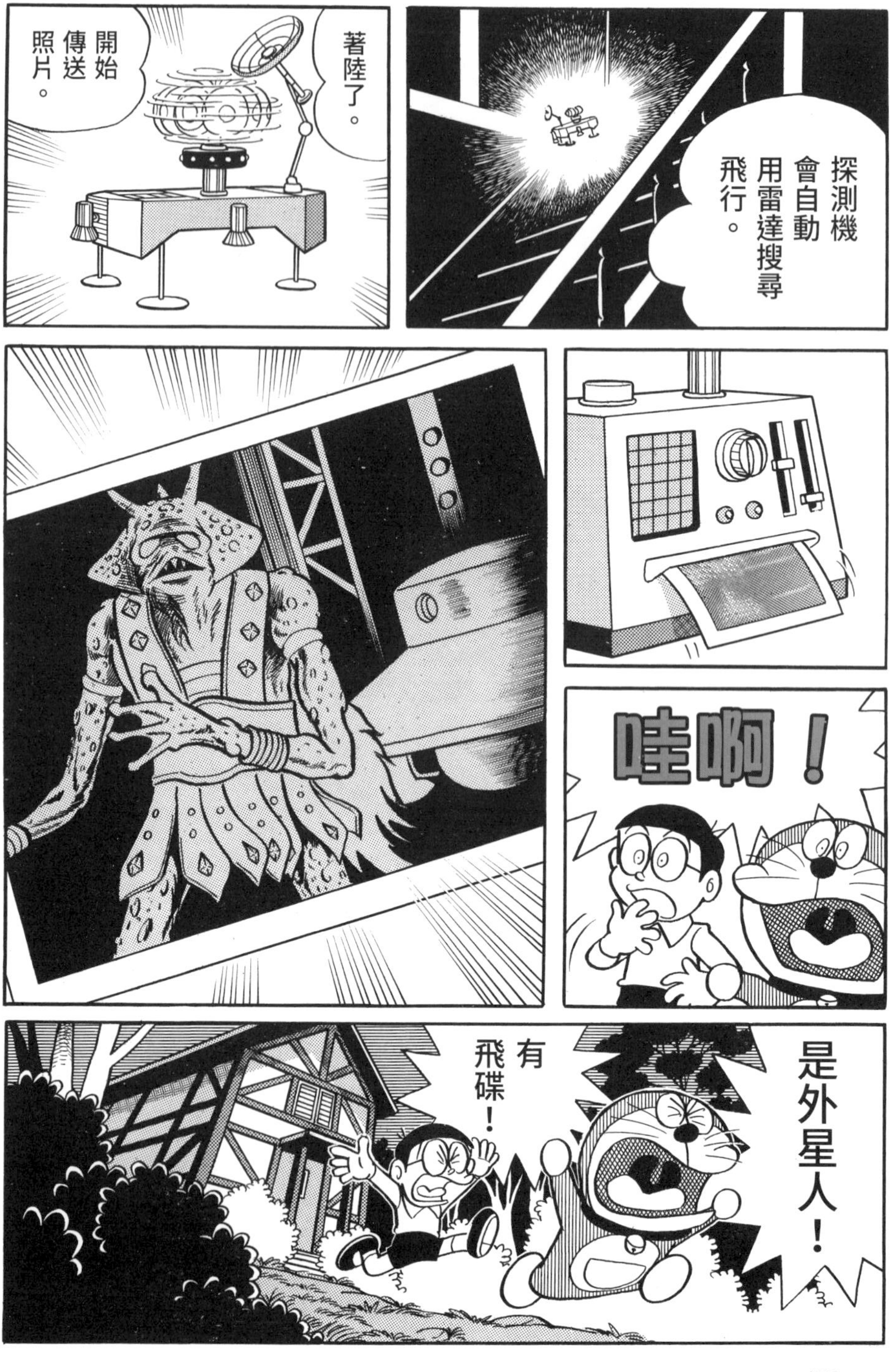
探測機會自動用雷達搜尋飛行。
著陸了。
開始傳送照片。
哇啊！
是外星人！
有飛碟！

Q&A…Q 以下哪一樣是人類未曾在火星操作過的工具？ ①飛機 ②直升機 ③車子

A ①飛機。至今人類曾派五輛探測車在火星進行調查，二〇二一年還派直升機在火星飛行。

他們跑得好快，不知道看到什麼。
我看我們還是回去吧。
混蛋，輸的人要挨揍耶。
今晚一定要順利潛入……
解開真相。
沒人在。
好，爬進去。
什麼嘛？是外星人布偶。
飛碟是紙糊的。
是誰？
竟敢偷偷闖進來？
什麼？外星人的祕密基地？

我們公司是拍特效電影的。
就是你們平常在電視看的那種怪獸電影。
因為公司很遠，我都是早出晚歸。
偶爾會試穿怪獸布偶，或是看看遙控飛碟能不能飛。
早知道就不要賭一百拳了。
拜託不要……
遇到胖虎他們。
啊！
啊！
這三個人真奇怪。

LEARNING WORLD

第❾章 了解天文觀測的歷史和未來

「天文望遠鏡」是天文觀測的必備工具

從很久以前，人類就對夜空中的天體感興趣。人們從地面望向天空，一一記錄天體的位置，思考天體動向與地球季節變換的關係，掌握農業、漁業的作業期，以這樣的方式過生活。

「天文學」是研究天體正確動向的學問。隨著天文學發達，有人站出來主張太陽和天體繞著地球轉動的「地心說」是錯的，而地球圍繞太陽旋轉的「日心說」才是對的。一開始沒有任何人相信日心說，伽利略・伽利萊用天文望遠鏡觀測天體後，證實日心說是對的。

伽利略的大發現

伽利略聽說有人發明了望遠鏡後，也自行製作了望遠鏡觀測天體。於是他發現月球表面有很多隕石坑，呈現凹凸不平的狀態，還發現木星四周有四顆衛星。他持續觀測天體，主張日心說的正確性。透過望遠鏡觀測天體，讓我們更了解宇宙。

望遠鏡的結構與歷史

「伽利略望遠鏡」結合凸透鏡和凹透鏡，倍率達二十倍。

後來，學者克卜勒製作出使用兩片凸透鏡的「克卜勒望遠鏡」（折射式望遠鏡）。

牛頓做的「反射式望遠鏡」不使用透鏡，而是用鏡子聚集更多的光。現代的大型望遠鏡多為「反射式望遠鏡」。

折射式望遠鏡（克卜勒望遠鏡）

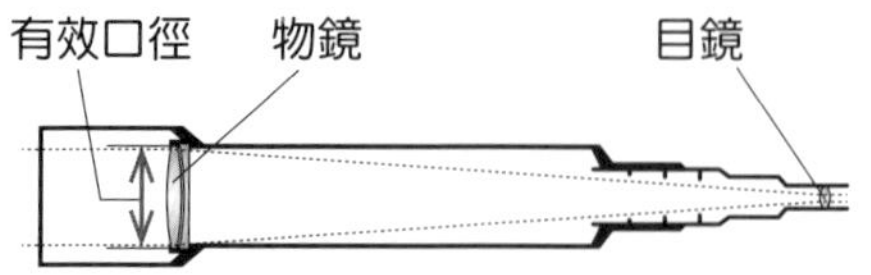

反射式望遠鏡（牛頓望遠鏡）

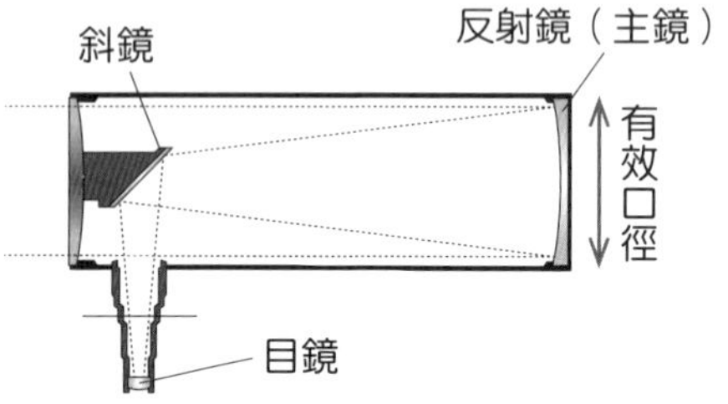

可以看得很遠！大型望遠鏡

一六〇九年，伽利略製作望遠鏡觀測天體。四百多年後的現在，日本用來觀測天體的大型望遠鏡之一，是日本國立天文台夏威夷觀測所的「昴星團望遠鏡」。這個望遠鏡中心的鏡片口徑達八點二公尺，這樣的大口徑望遠鏡能夠聚集超過人眼百萬倍的光，解析觀測天體的細微部分，性能相當高。

以人類視力來比喻昴星團望遠鏡的性能，就像是一個人從東京就能看到放在富士山山頂上的錢幣，而且還能夠分辨出幣值與種類。

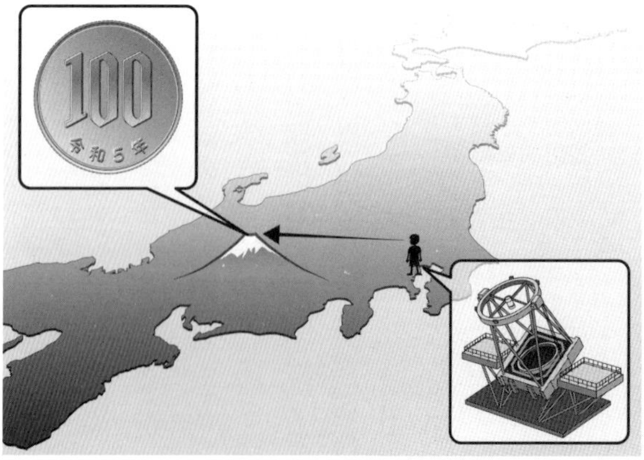

也有飄浮在太空中的望遠鏡

從陸地觀測遙遠天體總是有其極限，為了能夠觀測更遙遠的天體，人類於是想出讓「太空望遠鏡」飄浮在太空中。

一九九〇年，人類用太空梭搭載「哈伯太空望遠鏡」，將它放入太空軌道，直到現在仍持續運作中。原本預計在二〇一〇年結束任務，由於哈伯望遠鏡為天文學界帶來許多貢獻，拍下無數天體從誕生到死亡的圖像，因此天文學家和一般民眾強烈要求延長使用期限，才會沿用至今，是深受各界愛戴的望遠鏡。

新型太空望遠鏡登場

為了深化並擴展哈伯太空望遠鏡的發現，二〇二一年人類將「詹姆斯・韋伯太空望遠鏡」送上外太空。

哈伯主鏡的口徑只有二點四公尺，但詹姆斯・韋伯的口徑超過兩倍，達六點五公尺。大型主鏡是由十八片特殊的正六邊形鏡片組成。火箭搭載詹姆斯・韋伯升空時是像摺紙一樣摺疊起來的，進入外太空後開始展開，一直到進入軌道才完全打開。

哈伯主要觀測的是「可見光」，為了觀測更遠的天體，詹姆斯・韋伯觀測的則是「紅外線」。由於這個緣故，為了避免受到太陽或地球發射出的紅外線影響，還搭載了如網球場一樣大的遮光板。

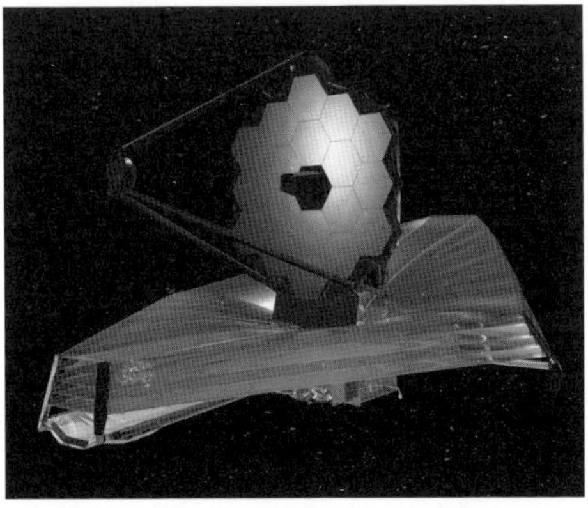

▲詹姆斯・韋伯太空望遠鏡　影像來源／NASA

觀察宇宙的許多扇「窗」

從前方介紹的內容可以得知，昴星團望遠鏡、哈伯太空望遠鏡以及詹姆斯・韋伯太空望遠鏡觀測的都是「可見光」、「紅外線」等「電磁波」。

各位還記得「電波」也是「電磁波」的一種，而且人類也會用電波觀測天體嗎（請參閱第一六一頁）？

接下來，為各位介紹「電波望遠鏡」與觀測「電磁波」以外的天文觀測法。

●電波望遠鏡

觀測從宇宙發射的各種「電波」，研究調查天體構造、宇宙結構與起源的過程，這就是電波望遠鏡的作用。

▲ALMA 望遠鏡

位於南美智利的「ALMA阿塔卡瑪大型毫米及次毫米波望遠鏡陣列」是由日本、台灣等二十二個國家及地區共同合作，一起觀測的世界最大電波望遠鏡陣列。觀測「電波」可以觀測到溫度較低的氣體和宇宙塵，解開星星與星系的誕生之謎。

●微中子望遠鏡

位於日本岐阜縣的「超級神岡探測器」，是觀測從宇宙進入地球的「微中子」（這是一種又輕又小的基本粒子）的重要設施。

觀測微中子可以研究星星的最後一程，也就是超新星爆發的模樣、物質構造和宇宙歷史等。

●重力波望遠鏡

宇宙也有黑洞、中子星等重量很重的天體。這些天體互相圍繞，相撞形成一個天體時會釋放「重力波」。由於重力波十分微弱，很難觀測，直到二〇一五年才首次被觀察到。觀測「重力波」有助於我們了解宇宙的起源過程。

日本正在進行太陽系探測計畫

天文觀測幫助我們了解許多宇宙的事情，但至今仍有很多未解之謎，包括地球如何誕生；除了地球之外，是否還有其他適合人類居住的星球；其他星球有哪些資源等。為了解開這些謎題，人類積極推動太空的各項探測計畫。接下來為各位介紹日本的太陽系探測計畫。

●火星衛星探測器「MMX」

火星是潛在的第二地球，深受各界關注。此計畫的目的是採集火星的衛星「火衛一」的地表樣本，返回地球。分析樣本可以提供想法，幫助我們理解地球如何產生水和有機物，形成目前適合人類居住的環境。

此外，如果未來人類可以到火星居住，必須搭乘太空船安全的往返兩地。

▲火星接近示意圖　影像來源 / NASA

MMX的目的之一，是提升往返於地球和火星之間的必要技術。MMX比採集小行星「龍宮星」表面樣本的探測機「隼鳥二號」大一點五倍左右，和一般教室差不多大。

目前預計讓它在二〇二六年發射火箭上太空，並且於二〇三一年返回地球。

●水星磁層軌道探測器「MIO」

水星是離太陽最近的行星，接收的陽光量是地球的十倍以上，因此白天的表面溫度約為攝氏四百三十度，晚上溫度低至攝氏負一百七十度，環境十分嚴酷。

日本與歐洲太空機構共同推動進行的水星探測計畫，名為「貝皮可倫坡號」。於二〇一八年發射進入太空，預計於二〇二五年抵達水星軌道。日本的「MIO」負責調查水星磁層，歐洲太空機構的「MPO」探查地表。好期待他們的發現！

▲預計 2025 年進入水星軌道的「MIO」
影像提供 / JAXA

專欄

利用天文觀測保護地球！

方法一　回收太空垃圾！

外太空不只有自然物質，現在還漂浮著許多人類造成的垃圾。

位於地球周圍軌道上的人造垃圾稱為「太空垃圾」（space debris），包括壞掉和不再使用的人造衛星、發射火箭時脫離的零件、在太空活動時排出的各種東西、碰撞產生的碎片等等，種類相當多。自從人類開始探索宇宙，累積的太空垃圾越來越多，超過十公分的約有兩萬個、一公分以上的約五十到七十萬個，一毫米以上者竟然超過一億個！

太空垃圾的飛行速度比子彈還快，如果撞到軌道上的人造衛星或火箭，很可能會引發重大事故。為了回收這些太空垃圾，各企業都在努力研究開發相關技術。

方法二　避免與小行星相撞！

太陽系有許多無法變成行星的「小行星」。目前已知在地球軌道附近的小行星就超過一萬個，若小行星撞到地球，許多生物都會像恐龍一樣滅絕。因此，一定要想辦法避免與小行星相撞。

「行星防禦（太空警衛）」是為了避免小行星或彗星等天體撞擊事件，全世界共同發起與執行的任務。儘早發現接近地球的天體，監控其動向，研究出避免撞擊地球的方法。

探測月球的祕密！

月球是最接近地球的天體。為了探測月球，人類不僅派出無人探測機，搭載太空人的阿波羅太空船也成功登陸月球。前後六次總共有十二名太空人登陸過月球，帶回石頭等樣本資料。儘管人類對於月球的研究日新月異，但仍然有許多未解之謎。國際合作的阿提米絲登月計畫，目標是再次將人類送上月球，相關計畫也陸續進行中。

日本本身也有月球探測計畫。過去的月表登陸都是尋找可以登陸的地方，並降落在該處。不過，日本最新的SLIM計畫是以「在想降落的地方登陸」為目的，並於二〇二四年一月二十日成功登陸月球表面。探測機系統製作得很小巧，可以攜帶許多觀測裝置，方便登陸後完成探測任務。

不僅如此，利用十分精準的月表登陸技術，登陸在隕石坑斜坡，研究岩石，解開月球的誕生之謎。這也是SLIM想要達成的目的之一。

▲SLIM 登陸示意圖　影像提供／JAXA

觀測太陽系發現海洋！

地球有液態水形成的海洋，但是一般認為太陽系的其他星球沒有水。

不過，有些探測器接近木星和土星的衛星，進行相關觀測後，發現在厚厚的冰層下有液態海洋。哈伯太空望遠鏡也觀測到外太空噴冰的現象。

有些科學家認為液態海洋代表水，是否也意味著該星球有生物存在？目前也有相關計畫，藉由探測器登陸衛星，或在衛星附近觀測解開謎題。

此外，抵達土星衛星「土衛六」的探測器，發現了由甲烷形成的海、河與湖。

後記

抬頭望向天空 享受天文觀測的樂趣

大學共同利用機關法人
自然科學研究機構日本國立天文台
天文情報中心副教授

縣秀彥

各位最想要的東西是什麼呢？我唸小學時候，最想要的是「天文望遠鏡」。我希望能用望遠鏡眺望映照夜空的月亮，以及獵戶座等星星。小學三年級的時候，叔叔在聖誕節時送了我望遠鏡，離我很遠的建築物和樹木都能看得又大又清楚，真的很棒。可惜的是，如果在晚上用叔叔送的望遠鏡不僅看不到月亮，就連明亮的一等星也看不見。玩具望遠鏡可以看到的範圍（視野）很窄，望遠鏡視野內又很暗，不適合觀測天體。就算勉強用望遠鏡觀測天體，只能看到很小一部分，手持望遠鏡又容易手抖，根本無法找到月亮。我才發現適合觀察陸地景物的「望遠鏡」與「天文望遠鏡」是兩個完全不同的東西，不僅如此，如果沒有三腳架，也無法使用天文望遠鏡。

我是在高中一年級時，擁有正統的天文望遠鏡。我現在在日本的天文學研究機構「日本國立天文台」擔任研究人員，身邊同事每三人就有一人，小時候父母買了天文望遠鏡給他們，開啟了他們對於星星和宇宙的興趣。簡單來說，天文望遠鏡決定了他們未來的人生。

話說回來，就算沒有天文望遠鏡也能觀測天體。各位只要有意願，現在就能認識月亮和星星。今天晚上抬頭看向星空，以自己的雙眼欣賞明亮的星星、昏暗的星星、藍白色星星、紅色星星，以及由星星串聯且展現不同風格的四季星座。除此之外，還能夠看見國際太空站這類人造衛星的光、在夜空中跳舞的流星等等。在不同季節可以觀察到銀河、緊靠一起的星團，就連遙遠星系也能盡收眼底。透過雙眼享受的天文現象不只這些，月食、日食等天文奇觀也頗受歡迎。欣賞日食一定要戴上專用的日食眼鏡，任何人都能輕鬆觀測。

天文是與音樂、算數齊名，擁有超過五千年悠久歷史的古老學問。很久很久以前的人們觀察太陽、月亮和星星動向，測量其位置並依此制定曆法，掌握時刻與方位。天文是文明發展的必要實學。另一方面，當我們眺望星空，相信一定曾經湧現「我是誰？這裡是哪裡？」、「我們在宇宙裡是孤獨的嗎？」等疑問。自古以來，星空一直刺激著人類的好奇心。

相信有些讀者住在市區，平時很難看到大量星星，不妨拜託大人帶你們晚上出去，來一趟星空觀光。前往海邊或是山上等人煙稀少，沒有光害的地方（例如露營地）就能眺望滿天星空，這是無可替代的珍貴經驗。不過，不是所有人隨時都能從事星空觀光，因此就算有些光害，各位也可以花點心思，在自己住的地方欣賞美麗星空。

與各位分享在明亮處欣賞星空的小祕訣。人的瞳孔在明亮處和陰暗處會產生不同變化，以調節進入眼睛的光線量。此時不妨背對路燈等明亮光線，或戴帽子、用手遮住光線，避免眼睛看到光，並且把手機螢幕的亮度調至最暗。紅光對眼睛的刺激最小，用紅色玻璃紙貼在手電筒上，或用紅色簽字筆讓燈光變成紅光。月亮會影響看到的星星數量，在月夜看星星時，盡可能背對月亮，降低月光的阻礙。觀測天體時請先做功課，了解今晚的月亮是什麼形狀、月亮什麼時候會出來等等。

從住家陽台觀賞星星時，即使是在都市或明亮處，也別忘記先讓自己的眼睛適應黑暗。走出戶外，至少讓眼睛避開燈光十分鐘，直到眼睛適應黑夜，讓瞳孔徹底擴張。

每當我感到痛苦或悲傷，只要抬頭望著夜空，就能放鬆心情，釋放情緒。不只如此，和家人或是好朋友一起欣賞滿天星星，也能感受幸福的氣氛。無論是獨享天文觀測的樂趣，或是和許多人共享天文之美，都是絕無僅有的寶貴經驗。各位不妨多加嘗試，展開珍貴的「星空體驗」之旅。

哆啦A夢天才小達人 ❶

天文觀測我最棒

●漫畫／藤子・F・不二雄

●原書名／ドラえもん学びワールド—— おもしろいぞ！天体観測

●日文版審訂／ Fujiko Pro、縣秀彥（大學共同利用機關法人自然科學研究機構日本國立天文台天文情報中心副教授）

●日文版撰文／大川裕介、砂田功、田中佑一、高取葉子、牧野千壽、森岡優菜（Edit）、磯貝綾子、李庚鎬、稲垣早予子

●日文版版面設計／ ACT　●日文版封面設計／有泉勝一（Timemachine）

●插圖／中山 KEISYO　●日文版編輯／中西彩子

●翻譯／游韻馨

●台灣版審訂／李昫岱

發行人／王榮文

出版發行／遠流出版事業股份有限公司

地址：104005 台北市中山北路一段 11 號 13 樓

電話：(02)2571-0297　傳真：(02)2571-0197　郵撥：0189456-1

著作權顧問／蕭雄淋律師

[參考文獻、網頁]

《小學館 NEO「新版」宇宙》（池內了／小學館）、《新口袋版　學研的圖鑑⑥ 地球・宇宙》（天野一男・吉川真・村山貴司／ Gakken）、《Photo Science 地學圖錄》（數研出版）、《哆啦 A 夢科學任意門 2：穿越宇宙時光機》（藤子・F・不二雄、大西將德／遠流）、《透過 RURUBU 漫畫和謎題開心學習！宇宙》（的川泰宣／ JTB 出版）、《零知識也能開心閱讀！宇宙機制》（松原隆彥／西東社）、《從基礎了解天文學》（半田利弘／誠文堂新光社）、《新理科小學 6 年》（東京書籍）、《高等學校地學基礎》（數研出版）、《高等學校地學》（啟林館）、《誰都能拍的星星書籍》（谷川正夫／地人書館）、《天體照片的拍攝法解說書》（藤井旭／誠文堂新光社）、《日本星空觀光 —— 欣賞方法、前往方法、享受方法》（縣秀彥／綠書房）、日本天文學會網路版（天文學辭典）、日本國立天文台官網、Vixen 官網

2025 年 7 月 1 日 初版一刷

定價／新台幣 350 元（缺頁或破損的書，請寄回更換）

ISBN 978-626-418-250-8

遠流博識網 http://www.ylib.com　E-mail:ylib@ylib.com

◎日本小學館正式授權台灣中文版

●發行所／台灣小學館股份有限公司

●總經理／齋藤滿

●產品經理／黃馨瑝

●責任編輯／李宗幸

●美術編輯／蘇彩金

國家圖書館出版品預行編目（CIP）資料

天文觀測我最棒／日本小學館編輯撰文；藤子・F・不二雄漫畫；游韻馨翻譯. -- 初版. -- 台北市：遠流出版事業股份有限公司，2025.7

面；　公分. --（哆啦 A 夢天才小達人；1）

譯自：ドラえもん学びワールド：おもしろいぞ！天体観測

ISBN 978-626-418-250-8（平裝）

1.CST: 天文學　2.CST: 通俗作品

320　114007245

DORAEMON MANABI WORLD
—OMOSHIROIZO! TENTAI KANSOKU—
by FUJIKO F FUJIO

※ 本書為 2024 年日本小學館出版的《おもしろいぞ！天体観測》台灣中文版，在台灣經重新審閱、編輯後發行，因此少部分內容與日文版不同，特此聲明。